普通高等教育土建学科专业『十二五』规划教材
全国高职高专教育土建类专业教学指导委员会规划推荐教材

城镇规划计算机辅助设计

（城镇规划专业适用）

本教材编审委员会组织编写

解万玉　主　编

张荣辰　吕玉婷　副主编

U0264228

中国建筑工业出版社

图书在版编目（CIP）数据

城镇规划计算机辅助设计／解万玉主编．—北京：中国建筑工业出版社，2015.6
普通高等教育土建学科专业"十二五"规划教材．全国高职高专教育土建类专业教学指导委员会规划推荐教材（城镇规划专业适用）
ISBN 978-7-112-18163-6

Ⅰ．①城…　Ⅱ．①解…　Ⅲ．①城镇－城市规划－计算机辅助设计－高等职业教育－教材　Ⅳ．① TU984-39

中国版本图书馆CIP数据核字（2015）第117339号

　　本书是根据高等职业教育特点，按照高等职业教育城镇规划专业教学基本要求编写的。本书介绍了 AutoCAD 等软件在城镇规划中的具体应用，以及计算机辅助设计在城镇规划、控制性详细规划、修建性详细规划中的实际应用。全书分为五个部分：城镇规划计算机辅助设计概述、城镇总体规划计算机辅助设计、控制性详细规划计算机辅助设计、修建性详细规划及附录部分（附录部分包括 AutoCAD、Photoshop、SketchUp 等相关软件的快捷键使用）。

　　本书可作为高职高专城镇规划专业及其相关专业的教材，也可供城镇规划有关工作人员参考。

责任编辑：杨　虹　朱首明　吴越恺
责任校对：李美娜　刘梦然

普通高等教育土建学科专业"十二五"规划教材
全国高职高专教育土建类专业教学指导委员会规划推荐教材
城镇规划计算机辅助设计
（城镇规划专业适用）
本教材编审委员会组织编写

解万玉　主编
张荣辰　吕玉婷　副主编
*
中国建筑工业出版社出版、发行（北京西郊百万庄）
各地新华书店、建筑书店经销
北京嘉泰利德公司制版
北京中科印刷有限公司印刷
*
开本：787×1092毫米　1/16　印张：$11\frac{1}{4}$　字数：237千字
2015年8月第一版　2015年8月第一次印刷
定价：28.00元
ISBN 978-7-112-18163-6
（27396）

编审委员会名单

主　任：丁夏君

副主任：周兴元　裴　杭

委　员（按姓氏笔画为序）：

甘翔云　刘小庆　刘学军　李伟国　李春宝

肖利才　邱海玲　何向玲　张　华　陈　芳

赵建民　高　卿　崔丽萍　解万玉

前　　言

随着20世纪中后期计算机技术和图形设备的研发成熟，特别是各类专业设计软件的推出，逐渐形成了计算机辅助设计学科，并逐渐代替笔墨尺规作图而成为规划设计行业主要作图工具。计算机辅助设计的介入使得设计周期精简、设计成果模块化、虚拟分析可视化，这些革命性的变化，拓展了设计人员的视野，提高了设计行业的效率。

近十年来，关于各类设计软件的书籍层出不穷，但是大多都是介绍单一软件的基本功能，与专业的对接、融合较差，另外对应高职且符合高职教学要求的少之甚少。本书主要是针对城镇规划专业高职项目教学需求，编写中注重体现基于工作过程系统化的课程开发、基于"行为导向课程"的教学法，以城镇总体规划、控制性详细规划、修建性详细规划项目为载体，使学习者熟练应用AutoCAD软件（含湘源控规等二次开发软件）、Photoshop软件、SketchUp软件技术，掌握规划项目计算机绘图的技术技能与方法，以精于规划项目图纸的绘制与表达为学习目标。

本书的单元1主要简介计算机辅助设计、表达的基本情况，以AutoCAD为主的计算机绘图软件、以Photoshop和SketchUp为主的计算机表达软件；单元2为城镇规划总体规划项目绘制，以AutoCAD为主要工具，介绍总体规划主要图纸的绘制过程，尤其是在土地利用总体规划图纸的绘制过程中，演示了如何使用第三方插件和Excel统计与测算规划用地指标；单元3为控制性详细规划项目绘制，以湘源控规为主要工具，重点学习总图则、分图则的绘制过程；单元4则为修建性详细规划项目绘制，学习利用AutoCAD进行规划设计总图的绘制方法、应用Photoshop进行规划总图的表达以及规划设计构思的表现，应用SketchUp进行规划草图的简单制作。单元2～单元4均以项目实例的主要图纸的制作过程方法学习为其主要内容，以适应项目教学的要求。

本书由以下作者完成：单元1解万玉（山东城市建设职业学院、教授、国家注册规划师）；单元2张荣辰（山东城市建设职业学院、讲师、国家注册规划师）、潘欣民（山东省城镇规划建筑设计院、工程师、国家注册规划师）、解万玉；单元3吕玉婷（甘肃建筑职业技术学院、副教授、国家注册规划师）、曹新红（山东城市建设职业学院、讲师、国家注册规划师）；单元4张荣辰、邹吉铣（临沂市规划信息服务中心、工程师）、谭婧婧（日照职业技术学院、讲师）。张荣辰负责统稿，解万玉负责补充、修改与校对。

由于编者实践应用与知识水平所限，本书难免有不当之处，望使用本书的读者提出宝贵意见和建议，以便进一步修改和完善。

编者
2015年3月

目　　录

1

城镇规划计算机辅助设计概述

本单元主要介绍城镇规划计算机辅助设计以及效果表现的发展情况，让读者对城镇规划计算机辅助设计软件有个初步的认知，并注意在使用软件过程中的相关事项。

本单元重点

◆ 城镇规划计算机辅助设计软件

◆ 城市规划计算机效果表现软件

1.1 城镇规划计算机辅助设计

1.1.1 CAD 技术在城镇规划行业应用

从 20 世纪 60 年代开始，逐渐形成了计算机辅助设计 (Computer Aided Design，简称 CAD) 这一新兴的学科，使人们可以用计算机处理图形这类数据，图形数据的标志之一就是图形元素有明确的位置坐标。随着计算机应用的不断推广，CAD 技术已深入应用于城乡规划领域。目前，计算机已不再只是一种高效率出图工具，而是越来越成为人们创造性活动的得力助手。

当前城市设计界广泛应用 CAD 技术，而计算机图形输入、输出技术的改进和智能化，使规划师更方便地进行设计，而不影响灵感产生。设计过程中可以采用遥感、航空摄影图像直接作为背景。各种地下管道资料由于数据库的建立也更加方便获得。三维建模、动态显示等促进了虚拟现实技术的发展和实用化，使得设计成果更加形象、直观和便于交流，为规划方案编制的公众参与提供技术支持。

规划设计成果的数字化，为城市规划方案的定量分析、模拟和预测带来便利，促进规划决策的科学化。随着互联网的发展，分布在各地的规划设计专业人员合作设计业将成为可能，这样可以构建一个不受规划师具体空间位置制约的协同设计虚拟工作组。

进入 21 世纪，信息化的目标不仅针对传统产业的改造，而是更多地着眼于通过信息、知识和技术带来的社会资源共享、整合与重组。城市规划中的 CAD 向信息资源共享迈进，设计过程和城市规划管理结合，从而推动社会的信息化进程。

1.1.2 运用计算机辅助城市规划设计与传统设计、表现方式比较

计算机辅助城市规划设计技术的应用，为规划设计提供了一种新的手段，使规划设计人员从以往枯燥繁杂的手工计算和绘图、描图中解脱出来，把主要精力投入到优化方案中，提高设计质量。CAD 技术也使得设计图的修改变得容易。

但是徒手表现和草图设计依然是规划设计这的基本能力要求。计算机仅仅是提供一种辅助设计的手段，CAD 技术不可能替代设计师的灵感、创作，也不可能替代设计行为本身。

表现是手段，构思和方法才是关键。好的设计方案通过设计表现和计算机表达得以强化和提升；有缺陷的方案却通过计算机表现掩饰了不足，甚至还可能迷惑决策者和公众，这不是我们提倡的。

1.1.3 城镇规划计算机辅助设计基本软件

(1) AutoCAD 软件

AutoCAD 软件 (图 1-1-1) 可以用于绘制二维图像和基本三维设计，通过它无需懂得编程，即可自动制图 (基本功能见表 1-1-1)，因此它在全球广

平面绘图	能以多种方式创建直线、圆、椭圆、多边形、样条曲线等基本图形对象
编辑图形	AutoCAD具有强大的编辑功能，可以移动、复制、旋转、阵列、拉伸、延长、修剪、缩放对象等
三维绘图	可创建3D实体及表面模型，能对实体本身进行编辑

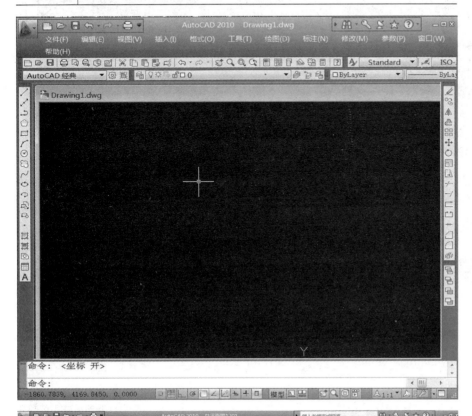

图 1-1-1　AutoCAD2010 软件界面

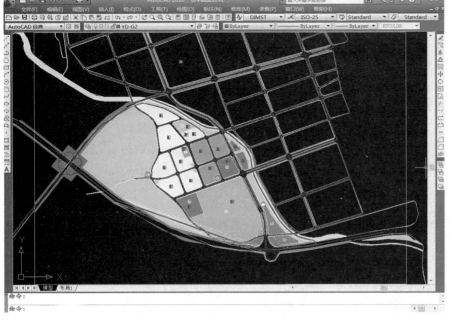

图 1-1-2　AutoCAD 绘制的片区用地规划（控制性详细规划）

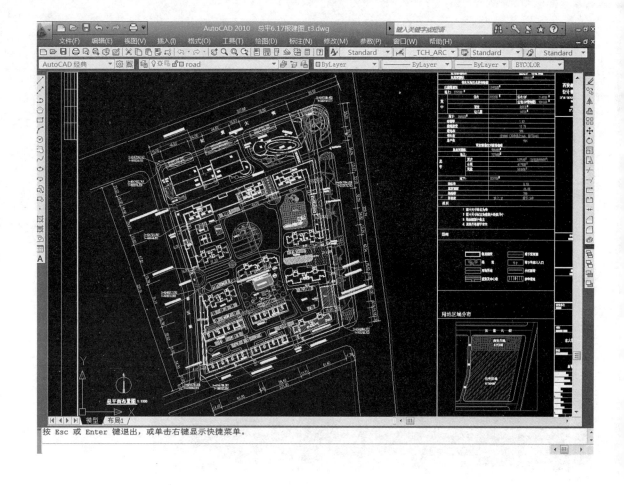

泛使用，应用于土木建筑、城乡规划、园林设计、装饰装修等诸多领域。现版本已更新至 AutoCAD2015 简体中文版。

图 1-1-3　AutoCAD 绘制的居住小区规划（修建性详细规划）

使用 AutoCAD 软件绘制规划设计图时，须养成良好的绘图习惯：

1）在绘制图之前，应对层名、颜色、线型进行设置，一般按照规划管理部门的规定进行设置，若无明确规定，也可按照设计单位的要求或其他要求进行设置，参见表 4-2-1；

2）规划设计图要求规范，须正确使用城市规划制图标准以及其他规范标准；

3）规划设计图追求时间效益，往往需要制图熟练，这就要求我们尽可能使用快捷键绘图（见附录），并不断通过摸索，养成一些适合个人的绘图习惯，并总结在使用过程中的一些技巧（见表 1-1-2）。

（2）湘源控规软件

湘源控规软件（图 1-1-4）是国内城市规划行业使用最广泛最通用的专业软件之一，是一套基于 AutoCAD 平台开发的城市控制性详细规划设计辅助软件。适用于城市总体规划、控制性详细规划、修建性详细规划的设计和管理。软件提供了较强的制图、计算及分析功能，具有较高的自动化程度，能明显提高规划设计效率。系统对规划设计与规划管理功能进行了高度集成,为规划管理提供了便利,提高了审批效率。软件统一了制图标准,生成的成果符合规划设计规范,方便了规划公示及数据建库,主要特色见表1-1-3。其主要功能模块有:地形生成及分析、道路系统规划、用地规划、控制指标规划、市政管网设计、总平面图设计、园林绿化设计、土方计算、日照分析、制作图则、制作图库、规划审查等。

	AutoCAD部分使用技巧 表1-1-2		

表格制作	先在Excel中制完表格,复制到剪贴板,然后再在AutoCAD环境下选择edit菜单中的Paste special,选择作为AutoCAD Entities,确定以后,表格即转化成AutoCAD实体,用explode打开,即可以编辑其中的线条及文字,非常方便
图形插入	用AutoCAD绘制好图形,再用AutoCAD提供的EXPORT功能先将AutoCAD图形以BMP或WMF等格式输出,然后插入Word文档,也可以先将AutoCAD图形拷贝到剪贴板,再在Word文档中粘贴。须注意的是,首先应将AutoCAD图形背景颜色改成白色;另外,利用Word图片工具栏上的裁剪功能进行修整,空边过大问题即可解决
属性查询	AutoCAD提供点坐标(ID),距离(DI),面积(AA)以及属性(LI)的查询

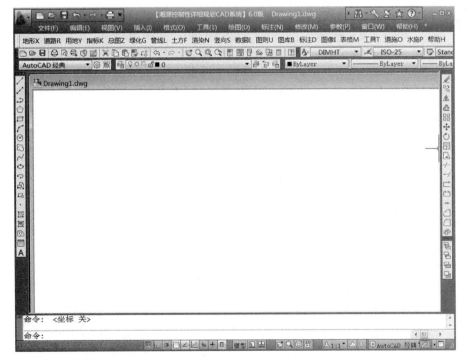

图1-1-4 湘源控规软件界面

	湘源控规软件特色 表1-1-3	

采用新的用地分类标准	软件中各种代码分类、数据、表格等完全符合最新国标《城市用地分类与规划建设用地标准》GB 50137-2011
支持把老标准控规成果自动转换为新标准	软件提供用地模块的批量转换功能,实现新旧用地数据的统一和更新,自动将旧版用地代码转换为新版用地代码

速度快，界面美观	系统全部采用VS2008、ObjectARX2012编写，使用先进的浮动菜单（DockBar）及非模态对话框技术，设计更加简便快捷，操作更方便
开放式系统设置	用地代码（支持真彩色）、道路转弯半径、图层、公共设施、图例符号、图库等支持用户自定义
自动生成、自动统计、分析和审核功能强大	软件能帮助用户自动生成图纸、表格、文字等内容，并能自动添加辅助数据，以供图纸校审。例如：在用地图纸绘制过程中，只需绘制用地面，则用地代码、控制指标等全部自动生成，并自动统计各类数据表格
	软件能自动计算指标中各类属性信息，并能查询、统计各属性数据，支持用户自定义统计表格
地形分析	软件可自动对地形图进行坐标校正；可以输入等高线或批量转换等高线；能查询图中最高点位置、最低点位置；能利用离散点标高数据，计算任意点标高，能绘制任意地表剖面图，能生成三维地表模型、三维山体等
全新用地模块	支持生成建筑物退让道路红线；支持混合用地；地块分割与合并及自动生成地块线。用户填充用地后自动生成控制指标信息，可快速生成用地平衡表、指标总表、公共设施表等。支持三维地块设计
指标分析图纸	用户绘制好用地图后，软件可根据地块指标属性数值，快速生成分析图
支持自动生成系统图，各系统图相互关联，任一修改，其他自动更改	软件可自动生成道路系统、用地、控制指标、给排水、电力、通讯、燃气、设施、开发强度等各类图纸，且系统图纸属性能相互关联，即在任何一个系统图中对地块属性进行修改，其他图纸自动修改
完善的GIS输出功能	实现属性数据GIS数据格式入库，软件中绘制的用地属于CAD自定义实体，方便了GIS数据入库。提供了ArcGIS查看工具，用户可以自定义输出内容及格式，DWG图纸基础属性、拓展属性可无损输入GIS应用系统中
关联性的指标数据控制指标与EXCEL文件关联	控制指标与EXCEL文件关联，通过EXCEL修改地块指标，可快速定位任意编码地块
全新图则制作模式	图则制作中可自定义图则对象，提供了两种图则模式，即布局模式及自定义图则模式，支持自动生成图则，支持总图与分图关联，总图修改，分图自动更改，提供了在分图中隐藏对象功能；图则中总图自动生成，比例尺自动修改、指标自动关联；提供图则批量打印功能
土方计算	软件能自动采集土方现状标高；依据规划设计标高自动采集土方设计标高；可计算并统计土方填挖面积、土方填挖量，求零线位置；生成编号。支持不规则地形，支持不规则用地红线，支持挡土墙，允许一个顶点两个标高，支持分区计算等。在土方计算中具有精细计算方法。软件升级为6.02版本后新增加放坡等土石方计算功能
图形水印加密功能	设计人员在给甲方或者其他单位提供图纸的时候，经常会遇到图纸被修改或者图纸提供后没有后续消息的情况，鉴于此，新增加图形水印加密以及过期销毁功能，设计人员在给甲方及客户单位提供图纸的时候，可以设置时间范围，在规定时间内没有回复，图纸会自行销毁，客户单位需求的时候需要联系设计人员重新提供图纸，更好地保护了设计人员的工作劳动成果

1.2 城市规划计算机效果表现

1.2.1 计算机效果表现的种类和流程

使用计算机进行规划设计表现有两种形式：静态表现和规划动画。静态表现图是使用计算机进行规划设计表现的最初形式，它是设计师向业主展示其作品的设计意图、空间环境、色彩效果与材料质感的一种重要手段。规划动画则突破了效果图表现规划设计方案时在平面上进行三维规划设计表现的局限，在表现形式上更加直观，它与静态效果图的作用是一样的，即：创作者展示自己作品、吸引业主和获取设计项目。但是到目前为止，规划动画还处于发展阶段，静态表现图仍处于主导地位。

静态表现图分为两种，一种是三维效果图，一般是模拟真实的场景，展示三维空间，除主体建筑是三维软件中创建外，画面其他配景一般使用实景素材（见图1-2-1）；另一种则是规划设计通常图纸，它所展示的是一个二维空间，图中大部分配景（包括建筑）都是使用绘图软件绘制或单色填充的，它的配景不需要真实，只要能够反映出物质的性质即可；它所起到的作用在方案实施以前，通过此图可以让人们最快地了解即将实施的方案中的建筑布局、绿化分配以及其设施的分布情况（见图1-2-2）。

使用计算机进行规划设计表现的制作与传统手绘效果图有许多类似的地方：手绘效果图首先是绘制草图，然后着色、最后调整等；而用计算机绘制规划设计效果图也是一样，先在二维软件中绘制规划设计方案或在三维软件中创建模型即为"草图"，接着将其导入平面软件中进行色调、明度的调整以及添加各种配景素材，最后进行细节完善。也就是说，一般将规划设计效果图制作分为前期制作和后期处理两部分。前期制作一般是在绘图软件中，完成图纸矢量图的绘制并将其打印输出，而后期处理则是在图像软件中进行，其一般制作流程是：绘制图纸——打印输出——后期渲染。

图1-2-1 居住小区
三维效果图（左）
图1-2-2 居住小区
总平面图（右）

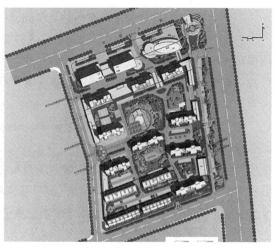

1.2.2 计算机效果表现主要软件介绍

(1) Photoshop 软件

Photoshop 软件（见图 1-2-3）的专长在于图像处理，即对已有的位图图像进行编辑加工处理以及运用一些特殊效果，其在平面设计、后期修饰、广告摄影、影像创意、网页制作、视觉创意、界面设计等领域应用广泛。对于城市规划领域，规划平面效果处理与三维建筑空间场景，均需要在 Photoshop 软件

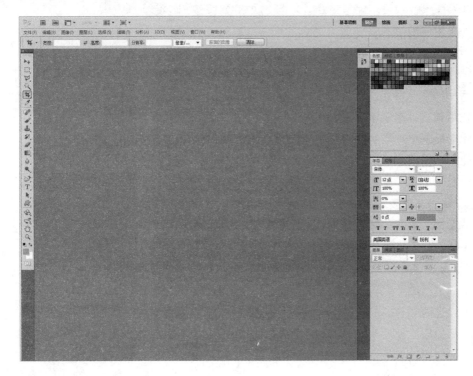

图 1-2-3 Photoshop
软件界面

对图像进行处理与调整。

在使用 Photoshop 过程中，需注意几个问题：

1）在使用 Photoshop 处理图像之前，往往需要先对其运行环境进行设置，以保障其最佳性能的运行：①该软件要求一个暂存磁盘，它的大小至少是打算处理的最大图像大小的三到五倍；②要获得 Photoshop 的最佳性能，可将物理内存占用的最大数量值设置在 50% ～ 75% 之间。

2）城市规划制图过程中，需注意 Photoshop 图像格式的适用范围（见表 1-2-1），特别是以下几种格式：PSD、TIFF 可以保留所有有图层、色版、通道、蒙版、路径、图层样式等，适用于规划图过程备份，可供进行修改；JPEG 格式一般适用于规划图最终图、打印图；EPS 则是利用 CAD 虚拟打印输出图像的文件格式；BMP 是 Windows 操作系统专有的图像格式。

(2) SketchUp 软件

SketchUp 是一套直接面向设计方案创作过程的设计工具，其创作过程不仅能够充分表达设计师的思想而且完全满足与客户即时交流的需要，它使得设计师可以直接在电脑上进行十分直观的构思，是三维建筑设计方案创作的

	图像格式 表1-2-1
PSD	Photoshop默认保存的文件格式，可以保留所有有图层、色版、通道、蒙版、路径、未栅格化文字以及图层样式等，但无法保存文件的操作历史记录。Adobe其他软件产品，例如Premiere、Indesign、Illustrator等可以直接导入PSD文件
BMP	BMP是Windows操作系统专有的图像格式，用于保存位图文件，最高可处理24位图像，支持位图、灰度、索引和RGB模式，但不支持Alpha通道
GIF	GIF格式因其采用LZW无损压缩方式并且支持透明背景和动画，被广泛运用于网络中
EPS	EPS是用于Postscript打印机上输出图像的文件格式，大多数图像处理软件都支持该格式。EPS格式能同时包含位图图像和矢量图形，并支持位图、灰度、索引、Lab、双色调、RGB以及CMYK
PDF	便携文档格式PDF支持索引、灰度、位图、RGB、CMYK以及Lab模式。具有文档搜索和导航功能，同样支持位图和矢量
PNG	PNG作为GIF的替代品，可以无损压缩图像，并最高支持244位图像并产生无锯齿状的透明度
TIFF	TIFF作为通用文件格式，绝大多数绘画软件、图像编辑软件以及排版软件都支持该格式，并且扫描仪也支持导出该格式的文件
JPEG	JPEG和JPG一样是一种采用有损压缩方式的文件格式，JPEG支持位图、索引、灰度和RGB模式，但不支持Alpha通道

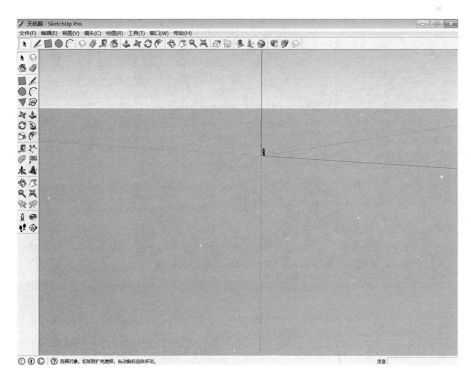

图 1-2-4 SketchUp
软件界面

优秀工具。

SketchUp 以直观便捷、应用广泛、兼容性强等特色（见表1-2-2）荣获

SketchUp软件特色	表1-2-2
独特简洁的界面，可以让设计师短期内掌握	
适用范围广阔，可以应用在建筑，规划，园林，景观，室内以及工业设计等领域	
方便的推拉功能，设计师通过一个图形就可以方便的生成3D几何体，无需进行复杂的三维建模	
快速生成任何位置的剖面，使设计者清楚的了解建筑的内部结构，可以随意生成二维剖面图并快速导入AutoCAD进行处理	
与AutoCAD，Revit，3DMAX，PIRANESI等软件结合使用，快速导入和导出DWG，DXF，JPG，3DS格式文件，实现方案构思，效果图与施工图绘制的完美结合，同时提供与AutoCAD和ARCHICAD等设计工具的插件	
自带大量门，窗，柱，家具等组件库和建筑肌理边线需要的材质库	
轻松制作方案演示视频动画，全方位表达设计师的创作思路	
具有草稿，线稿，透视，渲染等不同显示模式	
准确定位阴影和日照，设计师可以根据建筑物所在地区和时间实时进行阴影和日照分析	
简便地进行空间尺寸和文字的标注，并且标注部分始终面向设计者	

AEC system 2000 Fell Show「Best New Product award」。

SketchUp 在规划行业以其直观便捷的优势深受规划师的喜爱，不管是宏观的城市空间形态，还是较小、较详细的地块场景，都大大解放了设计师的思维，提高了规划编制过程中的科学性与合理性。目前，SketchUp 被广泛应用于控制性详细规划、城市设计、修建性详细规划以及概念性规划中（见图1-2-5）。

图1-2-5 阴平镇核心片区空间导向图

2

城镇总体规划计算机辅助设计

本单元重点以 AutoCAD 以及湘源控规为工具制作城镇总体规划阶段的主要成果，如镇域现状图、土地使用规划图、专项规划图等，重点讲述镇域现状分析图、土地使用规划图并制作用地平衡表。

本单元重点

◆ 城市总体规划主要图纸内容与深度要求

◆ 地形图的处理

◆ 镇域现状分析图的绘制

◆ 镇区规划图的绘制

2.1 城市总体规划编制内容与成果要求

城市总体规划是对一定时期内城市的经济和社会、土地利用、空间布局以及各项建设的总体综合部署，是建设和管理城市的基本依据。城市总体规划由城市政府定期组织编制，一旦批准，便具有法律效应。

城市总体规划的成果应当包括规划文本、图纸及附件（说明、研究报告和基础资料等）。在规划文本中应当明确表述规划的强制性内容。

※ 城市总体规划强制性内容

◆ 城市规划区范围；风景名胜区，自然保护区，湿地、水源保护区和水系等生态敏感区以及基本农田，地下矿产资源分布地区等市域内必须严格控制的地域范围。

◆ 规划期限内城市建设用地的发展规模，根据建设用地评价确定的土地使用限制性规定；城市各类绿地的具体布局。

◆ 城市基础设施和公共服务设施用地。包括：城市主干路的走向、城市轨道交通线路走向、大型停车场布局；取水口及其保护区范围、给水排水主管网的布局；电厂与大型变电站位置、燃气储气罐位置、垃圾和污水处理设施位置；文化、教育、卫生、体育和社会福利等主要公共服务设施的布局。

◆ 自然与历史文化遗产保护。包括：历史文化名城保护规划确定的具体控制指标和规定；历史文化街区、各级文物保护单位、历史建筑群、重要地下文物埋藏区的保护范围和界线等。

◆ 城市防灾减灾。包括：城市防洪标准、防洪堤走向；城市抗震与消防疏散通道；城市人防设施布局；地质灾害防护；危险品生产储存设施布局等内容。

2.1.1 城市总体规划附件内容与深度要求

城市总体规划附件包括规划说明、专题研究报告和基础资料汇编。

（1）规划说明

规划说明书是对规划文本的具体解释，主要是分析现状，论证规划意图，解释规划文本。

规划说明书的具体内容包括：城市基本情况；对上版总体规划的实施评价；规划编制背景、依据、指导思想；规划技术路线；社会经济发展分析；市域城乡统筹发展战略；市域空间管制原则和措施；市域交通发展战略；市域城镇体系规划内容；城市规划区范围；城市发展目标；城市性质和规模；中心城区禁建区、限建区、适建区和已建区范围及空间管制措施；城市发展方向；城市总体布局；中心城区建设用地、农业用地、生态用地和其他用地规划；建设用地的空间布局及土地使用强度管制区划；综合交通规划；绿地系统规划；市政工程规划；环境保护规划；综合防灾规划；地下空间开发利用原则和建设方针；近期建设规划；规划实施步骤、措施和政策建议等内容。

（2）相关专题研究报告

针对总体规划重点问题、重点专项进行必要的专题分析，提出解决问题的思路、方法和建议，并形成专题研究报告。

（3）基础资料汇编

规划编制过程中所采用的基础资料整理与汇总。

2.1.2 城市总体规划主要图纸内容与深度要求

城市总体规划图纸主要包括城市现状图、市域城镇体系规划图、城市总体规划图、道路交通规划图、各项专业规划图及近期建设图等。

（1）市域城镇分布现状图：图纸比例为1：50000～1：200000，标明行政区划、城镇分布、城镇规模、交通网络、重要基础设施、主要风景旅游资源、主要矿藏资源；

（2）市域城镇体系规划图：图纸比例为1：50000～1：200000，标明行政区划、城镇分布、城镇规模、城镇等级、城镇职等分工、市域主要发展轴（带）和发展方向、城市规划区范围；

（3）市域基础设施规划图：图纸比例为1：50000～1：200000，标明市域交通、通信、能源、供水、排水、防洪、垃圾处理等重大基础设施，重要社会服务设施，危险品生产储存设施的布局；

（4）市域空间管制图：图纸比例为1：50000～1：200000，标明风景名胜区、自然保护区、基本农田保护区、水源保护区、生态敏感区的范围，重要的自然和历史文化遗产位置和范围、市域功能空间区划；

（5）城市现状图：图纸比例为1：5000～1：25000，标明城市主要建设用地范围、主要干路以及重要的基础设施、需要保护的风景名胜、文物古迹、历史地段范围、风玫瑰、主要地名和主要街道名称；

（6）城市用地工程地质评价图：图纸比例1：5000～1：25000，标明潜在地质灾害空间分布和强度划分、防洪标准频率绘制的洪水淹没线、地下矿藏和地下文物埋藏范围、用地适宜性区划（包括适宜、不适宜和采取工程措施方能修建地区的范围）；

（7）中心城区四区划定图：图纸比例1：5000～1：25000，标明禁建区、限建区、适建区和已建区范围；

（8）中心城区土地使用规划图：图纸比例1：5000～1：25000，标明建设用地、农业用地、生态用地和其他用地范围；

（9）城市总体规划图：图纸比例1：5000～1：25000，标明中心城区空间增长边界和规划建设用地范围，标明各类建设用地空间布局、规划主要干路、河湖水面、重要的对外交通设施、重大基础设施；

（10）居住用地规划图：图纸比例1：5000～1：25000，标明居住用地分类和布局（包括经济适用房、普通商品住房等满足中低收入人群住房需求的居住用地布局）、居住人口容量、配套公共服务设施位置；

（11）绿地系统规划图：图纸比例 1 ： 5000 ～ 1 ： 25000，标明各种功能绿地的保护范围（绿线）、河湖水面的保护范围（蓝线）、市区级公共绿地、苗圃、花圃、防护林带、林地及市区内风景名胜区的位置和范围；

（12）综合交通规划图：图纸比例 1 ： 5000 ～ 1 ： 25000，标明主次干路走向、红线宽度、道路横断面、重要交叉口形式；重要广场、停车场、公交停车场的位置和范围；铁路线路及站场、公路及货场、机场、港口、长途汽车站等对外交通设施的位置和用地范围；

（13）历史文化保护规划图：图纸比例 1 ： 5000 ～ 1 ： 25000，标明历史文化街区、历史建筑保护范围（紫线）、各级文物保护单位的位置和范围、特色风貌保护重点区域范围；

（14）旧区改造规划图：图纸比例 1 ： 5000 ～ 1 ： 25000，标明旧区范围、重点处理地段用地性质、改造分区、拓宽的道路；

（15）近期建设规划图：图纸比例 1 ： 5000 ～ 1 ： 25000，标明近期建设用地范围和用地性质、近期主要新建和改建项目位置和范围；

（16）其他专项规划图纸：图纸比例为 1 ： 5000 ～ 1 ： 25000，包括给水工程规划图、排水工程规划图、供电工程规划图、电信工程规划图、供热工程规划图、燃气工程规划图、环境卫生设施规划图、环境保护规划图、防灾规划图、地下空间利用规划图。

2.2　地形图的处理

2.2.1　地形图的类型与基本处理方式

一般情况下地形图由设计委托方提供，委托方从测绘部门获得，大部分为电子文件。电子文件可分为两种格式：矢量文件和栅格文件。矢量文件可能是 AutoCAD 格式（用于城市总体规划和详细规划），也可能是 GIS 格式（用于城镇体系规划、区域规划的大范围地形图）；栅格文件为扫描纸质图纸获得的 JPG 或 TIFF 格式文件（可用 Photoshop 进行处理）。

由于测绘部门提供的文件要满足专业测量的要求，规划不需要的图层较多，且原始文件较大，必须进行数据处理。处理方法有两种：一种为筛选与合并，筛选出无用的信息并删除，合并同类层；一种为将矢量地形图栅格化（适合文件特别大，影响计算机运行的文件），在这类文件中地图要素过于详细、精细，对规划设计而言并不需要。

（1）筛选与合并

1）使用【图层管理】命令（LA）将地形图不要的图层单独显示出来，删除：

①在命令行输入 LA 或者点击 layer isolate 按钮，将地形图需要合并的层一一选中，单独显示出来（其余不相关的层关掉），将所有需要合并的层选中，利用图层属性工具栏一次改至合并后的层。

②处理后的地形图中合并后的层建议不超过 10 个，分为建筑、道路路缘

石线、道路红线、道路中心线、水面、环境、标注、等高线……即可。

2）使用 purge（PU）命令进行数据清理，清楚不再需要的、多余的层、块等。

※ 注意事项

◆ 原始地形图文件在处理之前，务必保留，备用。

◆ 为了保证地形图原始坐标的准确性，在 CAD 使用过程中不要随意对地形图进行平移、旋转、缩放等操作。建议处理完地形图后，锁定地形图位置。

（2）栅格化

在城市（镇）总体规划编制的现状调研过程中，为加强现状土地使用调查的准确性，往往使用 1 : 2000 甚至 1 : 1000 的地形图，这样可以清楚地看到建筑物的信息。但是将这些用于详细规划的 CAD 地形图拼接起来，整个城市（镇）的数据往往会达到几十兆或者上百兆，严重影响绘图效率。此时，可采用栅格化处理的方法，得到简化的地形图，作为平时使用的工作底图，提高工作效率。

①在 AutoCAD 中打开地形图文件（*.dwg 文件）；

②用多段线（PL）或矩形（REC）命令画一个正方形的图框，把所有需要图面表达的内容包括在图框内，将文件另存为地形附件（* 附件 .dwg）；

③利用虚拟打印机，将文件转为栅格文件格式；

④在【图像】→【图像大小】，将文件尺寸改为 CAD 图框大小（注意：单位是厘米，选择保持长宽比例），保存；

⑤回到 AutoCAD，执行【格式】→【单位（U）】，在插入比例中选择与 Photoshop 一样的图纸尺寸单位，如厘米；再执行【插入】→【光栅图像（I）】，选择 Bitmap 格式的地形图，"插入点"选择"在屏幕上制定"，"缩放比例"确定为 1，点击图框的左下角以完成图片的插入；将插入的图片变为透明，则此时栅格文件和矢量文件将完美地叠合在一起，可将矢量文件去除，留下插有栅格地形图片的 CAD 文件备用；

⑥在命令行输入"W"，选择栅格地形图片，将其文件保存为需要的文件名即可。

※ 注意事项

栅格化后地形图其坐标必须与原始 CAD 矢量图完全保持一致。

2.2.2 矢量地形图的效果处理过程演示

（1）按照【筛选与合并】的步骤对矢量地形图进行处理。

（2）利用虚拟打印机，将 dwg 文件转为栅格文件或者 EPS 格式。

1）打开【工具】/【选项】对话框（或者命令行输入快捷键 OP），见图 2-2-1；

图 2-2-1 【选项】对话框

2）点击【打印和发布】→【添加或配置绘图仪】，见图 2-2-2；

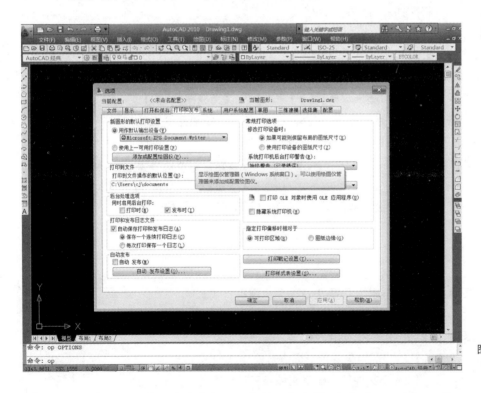

图 2-2-2 【打印和发布】对话框

3）双击"添加绘图仪向导"打开添加绘图仪向导，点击【下一步】→【下一步】，见图 2-2-3；

图 2-2-3 【添加绘图仪向导】对话框

4）在生产商一栏中选择【Adobe】，在型号一栏中选择【Postscript Level 1】，见图 2-2-4：

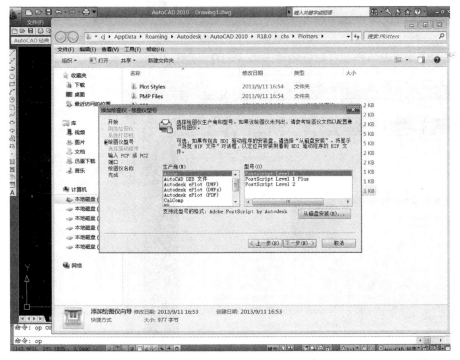

图 2-2-4 【绘图仪型号】对话框

※ 注意事项

◆ 生产商一般选择"Adobe"或者"光栅文件格式"。

◆ 若选择生产商"光栅文件格式",则在型号一栏里选择"TIFF Version6 (不压缩)"。

5)点击【下一步】→【下一步】→【下一步】→【绘图仪名称】,任意输入名称【000】,再点击【下一步】→【完成】,便完成虚拟打印机的添加设置,见图2-2-5;

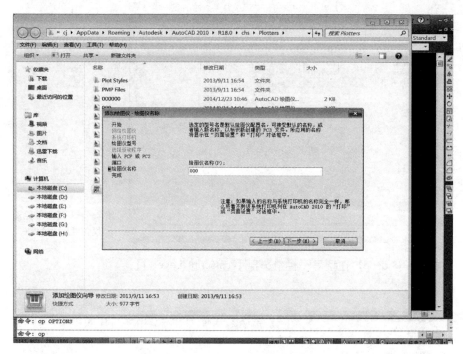

图2-2-5 【绘图仪名称】对话框

6)【文件】/【打印】(或Ctrl+P),打印机名称选择【000】,见图2-2-6;

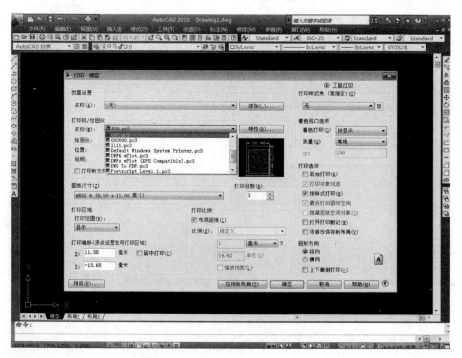

图2-2-6 【打印机】设置

7）勾选【打印到文件】，选择图纸尺寸【A0】（根据图纸布局，选择横向或纵向），见图 2-2-7；

图 2-2-7 【图 纸 尺 寸】设置

※ **注意事项**

◆ 若选择生产商 "光栅文件格式"，点击 "特性"，修改图纸尺寸，点击【自定义图纸尺寸】→添加，以像素为单位创建图纸，根据经验，A0 图纸像素需达到至少 6000dpi×6000dpi。点击【下一步】直到完成时设置。当系统提示是否需要修改打印机配置文件时，可以保存文件，以备将来使用。

◆ 回到打印设置菜单，图纸尺寸选择 "用户 1（6000dpi×6000dpi）"。

8）【打印范围】为 "窗口"，选择合适的范围（地形图的图框）；【打印偏移】默认，并居中打印；【打印比例】："布满图纸"；【打印区域】：X 和 Y 均为 0，见图 2-2-8；

9）点击右下角【更多选项】，【打印样式表】选择【acad.ctb】，系统提示【是否将此打印样式表指定给所有布局？】，点击【是】，见图 2-2-9；

10）点击【编辑】，全部选择颜色（选择 "颜色 1"，按住 shift 键的同时选择 "颜色 255"），颜色由【使用对象颜色】改为【黑色】，并选择合适的线型与线宽，保存并关闭，见图 2-2-10；

11）点击【确定】，选择合适的路径，点击【桌面】，并重新命名【000】，保存，则会在桌面生成【000.EPS】文件，见图 2-2-11。

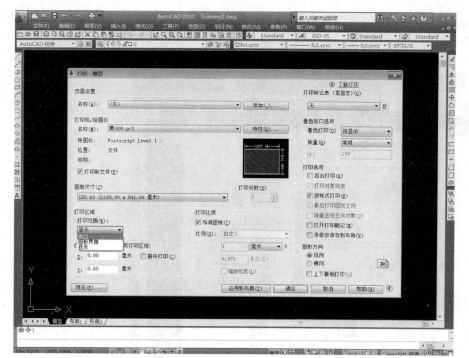

图 2-2-8 【打印范围】设置

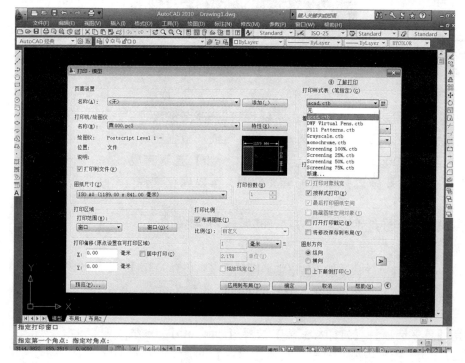

图 2-2-9 【打印样式表】设置

※ **注意事项**

◆ 一般情况下，按照此步骤将 CAD 矢量图导出可让 Photoshop 识别的 EPS
文件，并进一步处理；

◆ 往往将 CAD 矢量图导出 EPS 文件时，需要导多次，如地形图、建筑、

图 2-2-10 【打印样式表】编辑器

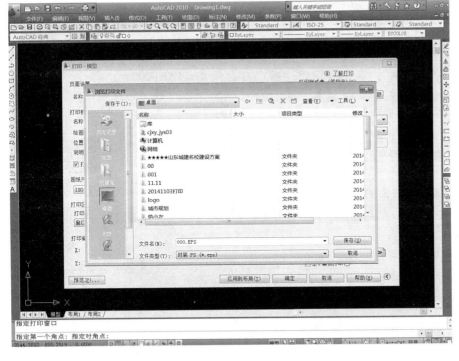

图 2-2-11 【打印文件】保存

道路等；

◆ 在第一次完成虚拟打印的设置后，第二次将需要导出的图层打开，其他图层关掉，执行 Ctrl+P 中【页面设置名称】＜上一次打印＞，重新命名【001】即可完成第二次导图，以此类推。

2.3 城市总体规划计算机绘图环境设置

"工欲善其事，必先利其器"，在绘制城市规划图纸之前，需要对AutoCAD 进行前期的设置，使绘图环境适用于规划图纸的绘制。

2.3.1 图形界限、单位、绘图比例的设置

在绘制城市规划图形之前，根据规划图纸需要对一些默认参数进行修改，为后期的制图提供方便。

（1）图形界限

图形界限命令，是在绘图中最先用到的命令之一，其功能是设置AutoCAD2010 绘图区域的边界。

※ 城市规划图纸尺寸

A0 图纸：840mm×1188mm；A1 图纸：594mm×840mm；A2 图纸：420mm×594mm；A3 图纸：297mm×420mm；A4 图纸：210mm×297mm。

根据以上城市规划图纸尺寸，设置图形界限命令，操作方法如下：

①在命令窗口输入"limits"，然后按"Enter键"或"空格键"，则提示"指定左下角点或 [开（ON）／关（OFF）]<0.0000, 0000>："，见图2-3-1。

```
命令: limits
重新设置模型空间界限:
指定左下角点或 [开(ON)/关(OFF)] <0.0000,0.0000>:
```

图2-3-1 图形界限命令的输入

②按"Enter"或"空格键"，在命令窗口"指定右上角点 <420.0000, 297.0000>："后输入绘制图纸尺寸A1 图纸"594, 840"，按"Enter"或"空格"，见图2-3-2。

```
重新设置模型空间界限:
指定左下角点或 [开(ON)/关(OFF)] <0.0000,0.0000>:
指定右上角点 <420.0000,297.0000>: 594,840
```

图2-3-2 图纸尺寸的输入

如在"指定左下角点或 [开(ON)／关(OFF)]<0.0000,0000>："后输入"ON"并按"Enter键"或"空格键"，则超出图层界限部分的数据就不予接受，即看不到绘制的绘制对象。

（2）单位

单位命令用来选择表示坐标、距离和角度的记数制和精度，为这些数据的输入、输出规定了格式，在城市规划图纸绘制时，对其进行如下设置，见图2-3-3。

①命令窗口输入"un"（或units），即弹出【图形单位】对话框；

②在对话框中【长度】中选择【小数】、【精度】："0.0"；在【对角】

图2-3-3 图纸单位的定义

中选择【十进制度数】和【精度】："0"；

③拖放比例单位"m"。

（3）绘图比例

绘图比例是绘制图纸大小的依据，在城市规划中，各种图纸比例如下：

①城市总体规划图纸比例：大、中城市为 1：10000 ～ 1：25000，小城市为 1：5000 ～ 1：10000，其中建制镇为 1：5000，市（县）域城镇体系规划图的比例由编制部门根据实际需要确定。

②城市控制性详细规划图纸比例：1：1000 ～ 1：20000。

③城市修建性详细规划图纸比例：1：500 ～ 1：2000。

在城市规划绘图时，往往采用与实物同样的大小进行绘制，这样使绘图方便、简洁，绘图比例则在打印时按图纸比例设置。

2.3.2 图层、颜色、线型的设置

在进行规划设计之前，需要先建立图层。建立一个图层时，要同时对图层进行"状态"、"名称"、"开"、"冻结"、"锁定"、"颜色"、"线型"、"线宽"、"打印样式"、"打印"、"新视口冻结"、"说明"的设置，下面以建立"道路中心线"图层为例，介绍对常用项目的设置方法。

1）命令窗口输入 la（图层命令），弹出【图层特性管理器】对话框，见图 2-3-4；

图 2-3-4 图层特性
管理器

2）点击【新建图层】按钮，见图 2-3-5；

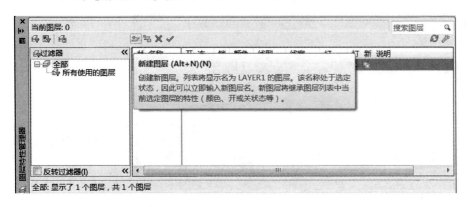

图 2-3-5 新建图层
按钮

3)【图层名称】输入"RD- 中线",见图 2-3-6。需注意,"冻结"类似于关闭图层的可见性,当前图层不能冻结,"锁定"层上的对象可以显示出来,但不能编辑;

图 2-3-6　图层名称
编辑

4)颜色的设置,单击图层的颜色,弹出【选择颜色】对话框,有三种颜色选择模式,分别是"索引颜色"、"真彩色"、"配套系统",选择"索引颜色:1",见图 2-3-7;

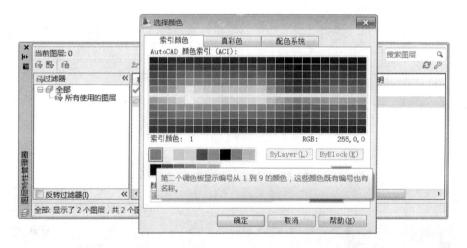

图 2-3-7　图层颜色
编辑

5)线型的设置,单击图层的线型,弹出【选择线型】对话框,见图 2-3-8;

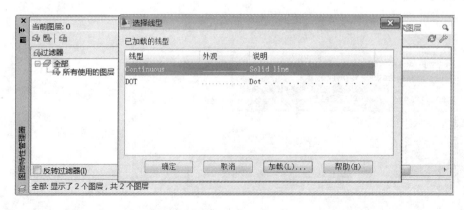

图 2-3-8　图层线型
编辑

6）单击【加载】，弹出对话框【加载或重载线型】，单击【CENTER】线型，单击【确定】，见图 2-3-9；

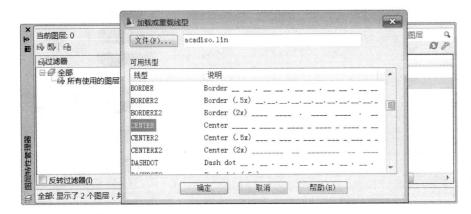

图 2-3-9　图层线型加载器

7）将线型 CENTER 加载到【选择线型】对话框中，单击【确定】，即道路中心线已设置为 CENTER 线型，见图 2-3-10。

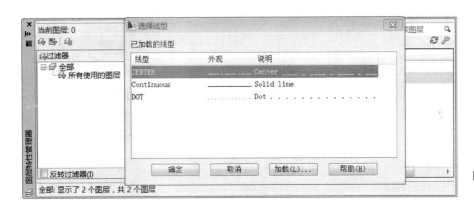

图 2-3-10　图层新线型加载

其他图层的创建方法与道路中心线的方法一致，其颜色、线型可参考表 2-3-1 和表 2-3-2 执行；需注意的是，表 2-3-1 中用地性质符合《镇规划标准》GB 50188—2007 规定，表 2-3-2 的用地性质则按照《城市用地分类与规划建设用地标准》GB 50137—2011；在实际规划设计过程中，需根据规划编制对象进行合理选择或者自我定义（见表 2-3-3）。

2.3.3　城市规划图纸图框的绘制

一幅完整的城市规划图纸除了绘制的图形部分之外，图纸部分也应有图框、图题、图界、指北针、风向玫瑰、比例、比例尺、规划界限、图例、署名、编制日期、图标等，这些内容在绘制的图框中有所体现。

（1）边框的绘制

根据绘制图的边界绘制图框。如边框的长为 594，宽为 840，操作方法如下：

序号	AutoCAD图层	说明	颜色		线型
			AutoCAD颜色号	图式	
1	RD-中线	所有道路，包括快速路、主干道、次干道、支路、城区内的公路	1		点划线
2	RD-侧石线		5		实线
3	RD-红线		7		实线
4	RD-绿线		3		实线
5	RD-铁路线	铁路线、轻轨线	7		
6	RD-地道天桥	桥、地道、人行天桥、立交桥、其他道路相关辅助线	7		实线
7	RD-现状道路	现状道路	7		实线
8	YD-R1	一类居住用地	51		实线
9	YD-R12	一类居住用地中的中小学幼托	51		实线
10	YD-R2	二类居住用地	50		实线
11	YD-R22	二类居住用地中的中小学幼托	50		实线
12	YD-R3	三类居住用地	41		实线
13	YD-R32	三类居住用地中的中小学幼托	41		实线
14	YD-R4	四类居住用地	53		实线
15	YD-C1	行政办公用地	241		实线
16	YD-C2	商业金融业用地	240		实线
17	YD-C3	文化娱乐用地	21		实线
18	YD-C4	体育用地	30		实线
19	YD-C5	医疗卫生用地	11		实线
20	YD-C6	教育科研设计用地	231		实线
21	YD-C7	文物古迹用地	22		实线
22	YD-C9	其他公共设施用地	243		实线
23	YD-M1	一类工业用地	35		实线
24	YD-M2	二类工业用地	37		实线
25	YD-M3	三类工业用地	39		实线
26	YD-W1	普通仓库用地	181		实线
27	YD-W2	危险品仓库用地	181		实线
28	YD-W3	堆场用地	181		实线
29	YD-T1	铁路用地	9		实线
30	YD-T21	高速公路用地	9		实线
31	YD-T22	一、二、三级公路用地	9		实线
32	YD-T23	长途客运站用地	9		实线

序号	AutoCAD图层	说 明	颜色		线 型
			AutoCAD颜色号	图 式	
33	YD-T4	港口用地	9		实线
34	YD-T5	机场用地	9		实线
35	YD-S1	道路用地	8		实线
36	YD-S2	广场用地	8		实线
37	YD-S3	社会停车场库用地	8		实线
38	YD-U11	供水用地	144		实线
39	YD-U12	供电用地	144		实线
40	YD-U13	供燃气用地	144		实线
41	YD-U14	供热用地	144		实线
42	YD-U21	公共交通用地	144		实线
43	YD-U22	货运交通用地	144		实线
44	YD-U29	其他交通设施用地	144		实线
45	YD-U3	邮电设施用地	144		实线
46	YD-U41	雨水、污水处理用地	144		实线
47	YD-U42	粪便垃圾处理用地	144		实线
48	YD-U5	施工与维修设施用地	144		实线
49	YD-U6	殡葬设施用地	144		实线
50	YD-U9	其他市政公用设施用地	144		实线
51	YD-G11	公园	100		实线
52	YD-G12	街头绿地	100		实线
53	YD-G2	生产防护绿地，立交桥绿化	94		实线
54	YD-D	特殊用地	87		实线
55	YD-E1	水域	131		实线
56	YD-E2	耕地	82		实线
57	YD-E22	基本农田	60		实线
58	YD-E3	园地	93		实线
59	YD-E4	林地	93		实线
60	YD-E5	牧草地	93		实线
61	YD-E6	村镇建设用地	53		实线
62	YD-E7	弃置地	55		实线
63	YD-E8	露天矿用地	42		实线
64	YD-CODE	用地性质代码及圆圈	7		实线

序号	AutoCAD图层	说 明	颜色		线 型
			AutoCAD颜色号	图 式	
65	KZ-控制指标	控制指标表块	7		实线
66	KZ-指标符号	各种图示符号、出入口方位	7		实线
67	HX-地块线	地块划分线	7		点划线
68	HX-用地红线	用地红线	1		点划线
69	HX-规划界线	规划界线	10		粗双点划线
70	HX-行政界线	行政界线	20		细双点划线
71	HX-单位界线	单位界线	30		虚线
72	TX-图框	图框、图签、会签、风玫瑰、标题文字	7		实线
73	TX-图例	图例及图例文字	7		实线
74	TX-坐标网	坐标网及坐标网文字	7		实线
75	TX-地名	地名、单位名、水系名	7		实线
76	TX-道路名	道路名称	7		实线
77	TX-文字说明	一些文字类的实体	7		实线
78	TX-表格	各种表格	7		实线
79	DM-坐标	坐标	7		实线
80	DM-尺寸标注	各种尺寸标注、路宽标注	7		实线
81	DM-标高	道路标高及地块标高	7		实线
82	DM-坡度	道路坡度文字及箭头	7		实线
83	DM-横断面	道路横断面图及符号	7		实线
84	DM-断面线	道路断面线	7		实线
85	DM-半径	圆弧半径、道路弯道曲线元素	7		实线
86	DX-等高线	等高线	7		实线
87	DX-地形	光栅地形图或矢量地形图	9		实线
88	GX-给水	规划给水管线、设施、管径标注	5		──∿──
89	GX-给水现状	现状给水管线、设施、管径标注	152		──∿──
90	GX-给水标注	给水文字注记、标高	7		实线
91	GX-雨水	规划雨水管线、设施、管径标注、排水箭头	30		──→
92	GX-雨水现状	现状雨水管线、设施、管径标注、排水箭头	34		──→
93	GX-污水	规划污水管线、设施、管径标注、排水箭头	30		──▶
94	GX-污水现状	现状污水管线、设施、管径标注、排水箭头	34		──▶
95	GX-雨污合流	规划雨污合流管线、设施、管径标注、排水箭头	30		──→─▶
96	GX-雨污合流现状	现状雨污合流管线、设施、管径标注、排水箭头	34		──→─▶

序号	AutoCAD图层	说明	颜色 AutoCAD颜色号	颜色 图式	线型
97	GX-排水界线	雨水汇水界线、纳污区界线	192		点划线
98	GX-排水渠	排水灌渠、沟渠、撇洪渠	192		虚线
99	GX-检查井	排水检查井、溢流井、雨水口	7		实线
100	GX-排水标注	排水文字注记、标高、排水出口	7		实线
101	GX-电力	规划电力线、设施、电压等级标注	6		—⚡—
102	GX-电力现状	现状电力线、设施、电压等级标注	200		—⚡—
103	GX-电力走廊	高压走廊、电缆通道	200		虚线
104	GX-电力路灯	电力路灯线	200		—✳—
105	GX-电力标注	电力文字注计、负荷标注	7		实线
106	GX-电信	规划电信线、设施、电信参数标注	3		—✕—
107	GX-电信现状	现状电信线、设施、电信参数标注	94		—✕—
108	GX-收发信区	电信收发信区	3		点划线
109	GX-微波通道	微波通道	94		虚线
110	GX-电信标注	电信文字注计、用户数标注	7		实线
111	GX-燃气	现状燃气管线、设施、燃气参数标注	1		—╢╟—
112	GX-燃气现状	现状燃气管线、设施、燃气参数标注	14		—╢╟—
113	GX-热力	规划热力管线、设施、热力参数标注	1		—⫴—
114	GX-热力现状	现状热力管线、设施、热力参数标注	14		—⫴—
115	FX-景观轴线	各种景观轴线	7		实线

资料来源：百度文库

城市规划制图图例（试行）：城乡建设用地制图图例　　　　表2-3-2（a）

类别代码 大类	类别代码 中类	类别代码 小类	类别名称	图例	色号	说明
			建设用地		1	
	H1		城乡居民点建设用地		11	
		H11	城市建设用地		11	
		H12	镇建设用地		21	
		H13	乡建设用地		43	
		H14	村庄建设用地		53	
H	H2		区域交通设施用地		252	
		H21	铁路用地		边线7 底色7	

类别代码			类别名称	图例	色号	说明
大类	中类	小类				
H	H2	H22	公路用地		边线7 底色252	
		H23	港口用地		符号7 底色252	
		H24	机场用地		符号255 底色252	
		H25	管道运输用地		边线7 底色147	
	H3		区域公用设施用地		152	
	H4		特殊用地		89	
		H41	军事用地	H41	符号7 底色89	
		H42	安保用地	H42	符号7 底色89	
	H5		采矿用地		27	
	H9		其他建设用地		24	
E			非建设用地		71	
	E1		水域		151	
		E11	自然水域	E11	符号7 底色151	
		E12	水库	E12	符号7 底色151	
		E13	坑塘沟渠	E13	符号7 底色151	
	E2		农林用地		71	
	E9		其他非建设用地		73	

资料来源：百度文库

城市规划制图图例（试行）：城市建设用地（大类）制图图例　　　　表2-3-2（b）

类别代码			类别名称	图例	色号	说明
大类	中类	小类				
R			居住用地		2	
A			公共管理与公共服务用地		6	
B			商业服务业设施用地		1	
M			工业用地		35	
W			物流仓储用地		195	
S			道路与交通设施用地		8	
U			公用设施用地		144	
G			绿地与广场用地		3	

资料来源：百度文库

类别代码			类别名称	图例	色号	说明
大类	中类	小类				
R			居住用地			
	R1		一类居住用地		41	
		R11	住宅用地	R11	符号7 底色41	
		R12	服务设施用地	R12	符号7 底色41	◉幼儿园用地可加符号
	R2		二类居住用地		2	
		R21	住宅用地	R21	符号7 底色2	
		R22	服务设施用地	R22	符号7 底色2	◉幼儿园用地可加符号
	R3		三类居住用地		54	
		R31	住宅用地	R31	符号7 底色54	
		R32	服务设施用地	R32	符号7 底色54	◉幼儿园用地可加符号
A			公共管理与公共服务用地			
	A1		行政办公用地		6	⊛党政机关用地可加符号
	A2		文化设施用地		21	
		A21	图书展览设施用地	A21	符号7 底色21	
		A22	文化活动设施用地	A22	符号7 底色21	
	A3		教育科研用地		211	
		A31	高等院校用地	⊗大	符号7 底色211	
		A32	中等专业学校用地	A32	符号7 底色211	
		A33	中小学用地	小⊕中	符号7 底色211	可用小类类别代码代替符号
		A34	特殊教育用地	A34	符号7 底色211	
		A35	科研用地	A35	符号7 底色211	
	A4		体育用地	⊖	符号255 底色102	
		A41	体育场馆用地	A41	符号7 底色102	
		A42	体育训练用地	A42	符号7 底色102	
	A5		医疗卫生用地	✚	符号255 底色240	
		A51	医院用地	A51	符号7 底色240	
		A52	卫生防疫用地	A52	符号7 底色240	
		A53	特殊医疗用地	A53	符号7 底色240	
		A59	其他医疗卫生用地	A59	符号7 底色240	

类别代码			类别名称	图例	色号	说明
大类	中类	小类				
A		A6	社会福利设施用地		235	
		A7	文物古迹用地		符号255 底色22	
		A8	外事用地		234	
		A9	宗教设施用地		30	
B			商业服务业设施用地			
	B1		商业设施用地		1	
		B11	零售商业用地	B11	符号7 底色1	
		B12	批发市场用地		符号255 底色1	可用小类类别代码代替符号
		B13	餐饮用地	B13	符号7 底色1	
		B14	旅馆用地	B14	符号7 底色1	
	B2		商务设施用地		11	
		B21	金融保险用地	B21	符号7 底色11	
		B22	艺术传媒用地	B22	符号7 底色11	
		B29	其他商务设施用地	B29	符号7 底色11	
	B3		娱乐康体设施用地		20	
		B31	娱乐用地	B31	符号7 底色20	
		B32	康体用地	B32	符号7 底色20	
	B4		公用设施营业网点用地		14	
		B41	加油加气站用地		符号255 底色14	可用小类类别代码代替符号
		B49	其他公用设施营业网店用地		符号255 底色14	
	B9		其他服务设施用地		15	
M			工业用地			
		M1	一类工业用地		33	
		M2	二类工业用地		35	
		M3	三类工业用地		39	
W			物流仓储用地			
		W1	一类物流仓储用地		191	
		W2	二类物流仓储用地		195	
		W3	三类物流仓储用地		符号255 底色199	

类别代码			类别名称	图例	色号	说明
大类	中类	小类				
S			道路与交通设施用地			
	S1		城市道路用地		边线7 底色255	
	S2		城市轨道交通用地		边线7 底色220	
	S3		交通枢纽用地		符号255 底色252	◉公路枢纽◉港口枢纽◉铁路枢纽
	S4		交通场站用地		8	
	S4	S41	公共交通场站用地		符号255 底色8	可用小类类别代码代替符号
		S42	社会停车场用地		符号255 底色8	
	S9		其他交通设施用地		251	
U			公用设施用地			
	U1		供应设施用地		144	
		U11	供水用地		符号255 底色144	可用小类类别代码代替符号
		U12	供电用地		符号240 底色144	
		U13	供燃气用地		符号255 底色144	
		U14	供热用地		符号255 底色144	
		U15	通信设施用地		符号255 底色144	
		U16	广播电视设施用地		符号255 底色144	
	U2		环境设施用地		164	
		U21	排水设施用地		符号255 底色164	可用小类类别代码代替符号
		U22	环卫设施用地		符号255 底色164	
		U23	环保设施用地		符号255 底色164	
	U3		安全设施用地		157	
		U31	消防设施用地		符号255 底色157	可用小类类别代码代替符号
		U32	防洪设施用地		符号255 底色157	
	U9		其他公用设施用地		159	
G			绿地与广场用地			
	G1		公园绿地		3	
	G2		防护绿地		94	
	G3		广场用地			符号7 底色255

资料来源：百度文库

××市规划设计研究院××分院制图图例

表 2-3-3

大类	中类	类别名称	颜色	备注
R		居住用地	50	
	R1	一类居住用地	51	
	R2	二类居住用地	50	
	R3	三类居住用地	40	
A		公共管理与公共服务用地	231	
	A1	行政办公用地	231	
	A2	文化设施用地	241	
	A3	教育科研用地	21	
	A4	体育用地	62	
	A5	医疗卫生用地	11	
	A6	社会福利设施用地	243	
	A7	文物古迹用地	244	
	A8	外事用地	230	
	A9	宗教设施用地	232	
B		商业服务业设施用地	240	
	B1	商业设施用地	240	
	B2	商务设施用地	240	
	B3	娱乐康体设施用地	240	
	B4	公用设施营业网点用地	240	
	B9	其他服务设施用地	240	

大类	中类	类别名称	颜色	备注
G		绿地	90	
	G1	公园绿地	90	
	G2	防护绿地	104	
	G3	广场用地	93	
H1		城乡居民点建设用地	*	
	H11	城市建设用地	*	
	H12	镇建设用地	*	
	H13	乡建设用地	*	
	H14	村庄建设用地	*	
	H15	独立建设用地	*	
H2		区域交通设施用地	9	
	H21	铁路用地	9	
	H22	公路用地	9	
	H23	港口用地	9	
	H24	机场用地	9	
	H25	管道运输用地	9	
H3		区域公用设施用地	156	
H4		特殊用地	87	
	H41	军事用地	87	
	H42	安保用地	87	

设施图例：

托儿所	图书馆	瓶装供应站
小学	书报刊门市部	供热设施
九年一贯制学校	综合超市	调压站
中学	市场	给水泵站
初中	社区肉菜市场	排水泵站
普通高中	邮政支局	自来水厂
中等专业学校	邮政所	垃圾收集站
高等院校	电信分局	垃圾转运站
特殊学校	电信母局	污水处理厂
综合医院	电信模块局	加油加气站
专科医院	微波站	公共停车场
卫生服务中心	宽带 IP	车辆清洗场
青少年活动中心	有线电视次中心	巡警队
敬老院	工商所	交通中队
老年人活动站	税务所	货运站场
党政机关	文物古迹	公交首末站

用地分类代码表（续）

大类	中类	类别名称	颜色	备注
M		工业用地	35	
	M1	一类工业用地	35	
	M2	二类工业用地	37	
	M3	三类工业用地	39	
W		物流仓储用地	193	
	W1	一类物流仓储用地	193	
	W2	二类物流仓储用地	195	
	W3	三类物流仓储用地	197	
S		交通设施用地	8	
	S1	城市道路用地	8	
	S2	轨道交通线路用地	8	
	S3	综合交通枢纽用地	8	
	S4	交通场站用地	8	
	S9	其他交通设施用地	8	
U		公用设施用地	154	
	U1	供应设施用地	154	
	U2	环境设施用地	136	
	U3	安全设施用地	144	
	U9	其他公用设施用地	147	

大类	中类	类别名称	颜色	备注
	H5	采矿用地	34	
E1		水域	140	
	E11	自然水域	132	
	E12	水库	140	
	E13	坑塘沟渠	130	
E2		农林用地	82	
E3		其他非建设用地	53	
	E31	空闲地	53	
	E32	其他未利用地	55	

大类	中类	小类	备注
H	H1	H11、H12、H13、H14、H15	建设用地
	H2	H21、H22、H23、H24、H25	
	H3		
	H4	H41、H42	
	H5		
E	E1	E11、E12、E13	非建设用地
	E2		
	E3	E31、E32	

图例符号

公安局	广场	公交综合场站
街道办事处	公共厕所	长途客运站
街道派出所	再生资源回收站	铁路站场
社区居委会	环卫机构	火车客运站
社区服务中心	环卫工人作息站	轨道交通站场
社区文娱中心	危险品仓库	轻轨站
体育活动中心	消防站	港口
社区警务室	变电站	游艇码头
社区服务站	开闭所	机场
社区文化站	天然气门站	铁路
社区健身场	燃气调压站	道路
影剧院	储配站	河流水域

A0：1189×840　A1：840×594　A2：594×420　A3：420×297

资料来源：百度文库

1）单击【绘图】工具栏【矩形】命令，在"指定第一个角点或［倒角（C）／标高（E）、圆角（F）／厚度（T）／宽度（W）］："时，任意指定一点，作为起点，见图 2-3-11；

```
命令: RECTANG
指定第一个角点或 [倒角(C)/标高(E)/圆角(F)/厚度(T)/宽度(W)]:
```

图 2-3-11　矩形绘制命令：起点的输入

2）在"指定第一个角点或［面积（A）／尺寸（D）、旋转（R）］"后输入"@594，840"，见图 2-3-12；

```
指定第一个角点或 [倒角(C)/标高(E)/圆角(F)/厚度(T)/宽度(W)]:
指定另一个角点或 [面积(A)/尺寸(D)/旋转(R)]: @594,840
```

图 2-3-12　矩形命令：相对坐标的输入

可对边框可进行一些设计，如对边框的加粗。

①在命令行输入【PE】，"选择多段线或［多条（M）］："，左键选择矩形图框；

②命令行提示"输入选项［打开（O）／合并（j）／宽度（w）／编辑顶点（E）／拟合（F）／样条曲线（s）／非曲线化（D）／线型生成（L）／放弃（u）］："后输入【W】，按【空格】或【Enter】，"指定所有线段的新宽度：2.5"，则线宽调整为 2.5，见图 2-3-13。

```
输入选项 [打开(O)/合并(J)/宽度(W)/编辑顶点(E)/拟合(F)/样条曲线(S)/非曲线化(D)/线型生成(L)/反转(R)/放弃(U)]: w
指定所有线段的新宽度: 2.5
```

图 2-3-13　多段线修改命令：线宽调整

（2）标题

城市规划图的标题，内容包括：项目名称（主题）、图名（副题）。位置应选在图纸的上方正中，图纸的左上侧或右上侧，不应放在图纸的中间或图纸内容的上方或遮盖图纸中现状或规划的实质内容。

①文字输入。在命令行输入 t（文字），弹出对话框"文字格式"，输入文字"某镇总体规划"；

②文字修改。改变文字字体、大小等，双击文字，弹出对话框，在"文字格式"中设置文字的字体，可选取一些庄重的字体，如"文鼎 CS 大黑"、文字的高度为 20、颜色为 Bylayer；

图 2-3-14　文字输入与文字格式修改

③在命令行输入 M（移动命令），移动文字"某镇总体规划"到边框的合适位置。

(3) 指北针与风向玫瑰图

在总体规划中，指北针与风向玫瑰图一起标识，而风向玫瑰图一般由规划所在地市气象部门提供。

①在风向玫瑰图上标识"北向"，见图2-3-15；

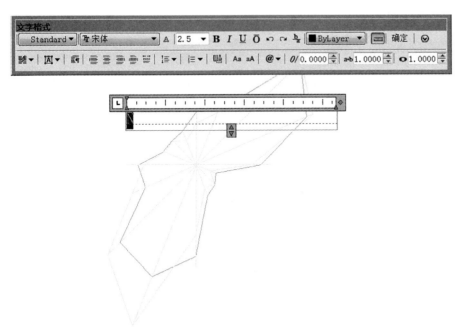

图 2-3-15　风向玫瑰图添加方向"N"

②填充图像，单击工具栏【填充】按钮或在命令行输入【H】，弹出【图案填充和渐变色】对话框，见图2-3-16；

图 2-3-16　【图案填充和渐变色】对话框

③单击【样例】选择【其他预定义】中的【SOLID】图案,【确定】;然后单击【边界】中【添加:拾取点】按钮,见图2-3-17;

图2-3-17 【图案填充和渐变色】对话框:图案样例定义

④回到图形界面,选择间隔填充区域;然后修改颜色即可。

※ 注意事项

◆ 在风玫瑰图(CAD)中(见图2-3-18),不同颜色的代表意义:绿线代表夏季,黄线代表的是冬季;蓝线代表风频玫瑰图,红线代表风速玫瑰图。

图2-3-18 风玫瑰图

(4) 比例、比例尺

城市规划图,除与尺度无关的规划图外,必须在图上标出表示图纸上单位长度与地形实际单位长度比例关系的比例和比例尺,比例尺的标会位置可在风向玫瑰图的下方或图例下方。

1)数字比例尺:在绘图中,数字比例尺直接表示出比例尺,如1:2000、1:1000,用文字命令直接表示在风向玫瑰图下即可。

2) 等比比例尺:规划图纸最常用的比例尺,一般配合风向玫瑰图标识。

3) 等比比例尺的绘制。

①在风玫瑰下方,使用 [绘图] 工具栏【直线】命令 (L),绘制直线,长度为100,见图2-3-19(根据地形图实际比例1:1绘制);

②使用"修改"工具栏【偏移】命令 (O),对直线偏移两次,距离间隔为3,见图2-3-20;

③使用"绘图"工具栏【直线】命令 (L) 连接端点,使用"修改"工具栏【偏移】命令 (O),对直线偏移四次,间隔距离为25,见图2-3-21;

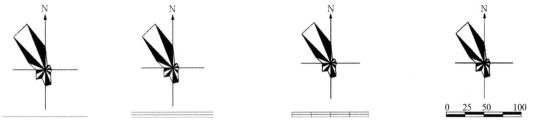

图 2-3-19 【直线】绘制　图 2-3-20 【偏移】命令　图 2-3-21 【直线】绘制与【偏移】　图 2-3-22 【填充】与标记

4) 上下间隔填充，并标记，见图 2-3-22。

(5) 规划期限

城市规划图上标注的期限应与规划文本中的期限一致，标注在项目名称后。

(6) 图例

图例由图形（线条或色块）与文字组成，文字是对图形的注释。

城市规划图用地图例，单色图例应使用线条、图形和文字；多色图例应用色块、图形和文字；在图例中，除了城市规划用地图例外，还有应用于各类城市规划图中的规划要素图例，见表 2-3-1～表 2-3-3。

绘制过程：

①使用"绘图"工具栏【矩形】命令（REC），设置矩形长为110，宽为42，并使用"修改"工具栏【偏移】命令（O），设置偏移距离为3，见图 2-3-23。

图 2-3-23　图例边框绘制

②使用"修改"工具栏【编辑多段线】命令（PE），设置外围矩形宽度为2，见图 2-3-24；

图 2-3-24　图例外框加粗

③在矩形框中绘制出图中的标注（填充线条或色块），并在图例后添加文字，见图 2-3-25。

商业服务业设施用地

图 2-3-25　图例添加标注与文字

※ 注意事项

为了保障图纸的规范性，尽量保障整个项目图册的图例大小样式保持一致。

（7）署名与编绘日期

城市规划图上必须署城市规划编制单位的正式名称和编绘日期，见图2-3-26。

（8）图标

城市规划图上可用图标记录规划图编制过程中，规划设计人与规划单位技术责任关系和项目索引等内容，用于张贴、悬挂的图纸可不设图标；用于装订成册的城市规划册，在规划图册的目录页放入，后面应统一设图标或每张图纸分别设置图标，图标放置位置见图2-3-26。

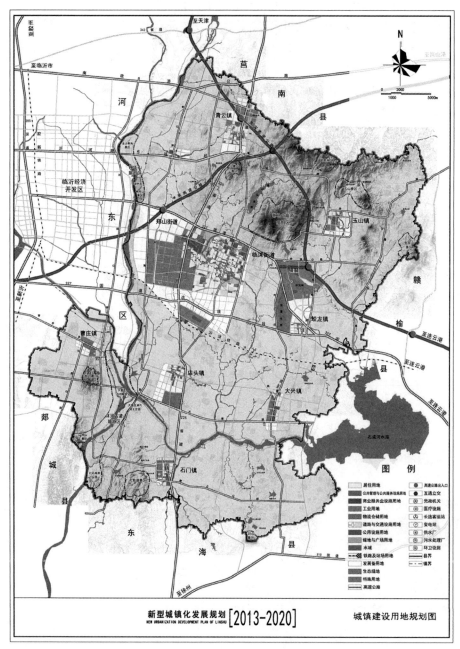

图2-3-26 规划图纸排版示例

2.4 城市总体规划计算机辅助设计

2.4.1 城镇区位关系图的制图

　　城市总图规划的前期工作，需要收集城镇的资料，首先要对城镇所在的区域或更大范围城镇的位置进行分析，如经济区以及周边城镇如中心城市、一般城市、中心镇与规划城镇的关系，港口、交通（如铁路、高速公路、国道等）、产业、河流山地等方面对城镇发展的影响等，从而，进一步掌握城镇所处的有利条件和不利条件。

　　一般情况下，区位分析图在搜集的规划资料中再加工处理，重点突出规划城镇在重点实施的上位规划中的位置以及主要产业轴线、交通廊道的影响，见图2-4-1。

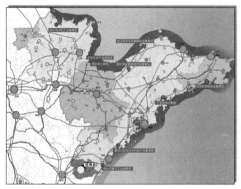

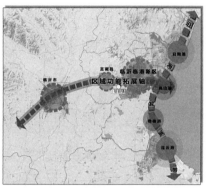

$$\frac{1\ \ |\ \ 3}{2\ \ |\ \ 4}$$

1. 莒南县（坊前镇）在山东半岛蓝色经济区的位置
2. 莒南县（坊前镇）在鲁南经济带的位置
3. 坊前镇在临海产业区的位置
4. 坊前镇周边区域功能分析

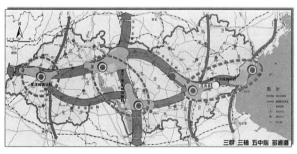

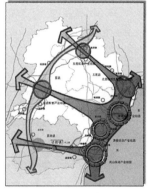

图2-4-1　区位分析图示例

2.4.2 城镇现状分析图的制图

　　收集城镇的城市规划资料进行分析归纳，需要用图纸的形式表达出来，便于对城镇现状有直接和感观的认识，作为前期规划构思的出发点，当然，资料的复杂性和多样性，也为现状的分析带来了一定的取舍的难度。对现状的分析包括自然环境条件、社会经济发展、城镇现状布局等方面。下面从城镇现状分析入手，利用AutoCAD2010绘制某镇的现状分析图，更有利于对软件进一步的认识和掌握。

由于我国城镇的区域性、风俗、地理位置、历史沿革、社会经济都对城镇的发展有着不同的影响，因此，规划分析各个城镇的人口、地貌、地形等都具有很重要的意义，因此，在规划分析阶段，对城镇分析占重要的地位，下面来看现状分析图的绘制过程。

(1) 确定规划边界

1) 先打开 CAD 地形图，另存（Ctrl+Shift+S），备份，见图 2-4-2；

图 2-4-2 备份地形图

2) 新建地形图层，图名"DX- 地形"，颜色选取 9，线性为实线，见图 2-4-3；

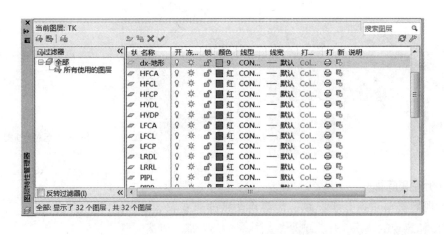

图 2-4-3 新建"DX-
地形"图层

3) 选中地形图，将其放置"DX- 地形"中，将其他图层删掉，为文件减负，见图 2-4-4、图 2-4-5；

4) 新建图层【HX- 行政界线】，颜色 20，线型为 CENTER2，使用【多段线】命令（PL），线宽度为 6，绘制规划镇的边界，并设置，见图 2-4-6。

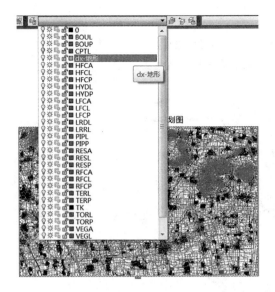

图 2-4-4　将图层整
　　　 合 至 "DX- 地 形"
　　　 图层

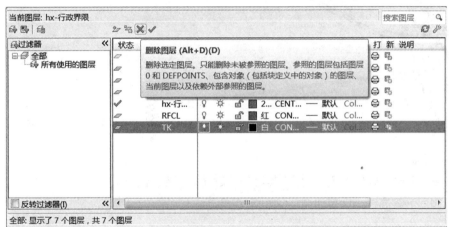

图 2-4-5　将其他多
　　　 余图层删除

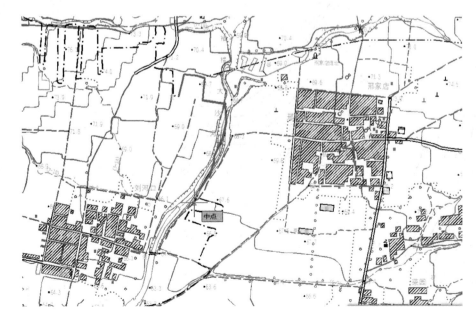

图 2-4-6　绘 制 行 政
　　　 界线

(2) 水域的绘制

建立"YD–E1"图层，颜色为131，线型为实线，使用【多段线】命令（PL）绘制河流的边线，线宽度为6，绘制的线段要闭合，见图2-4-7。

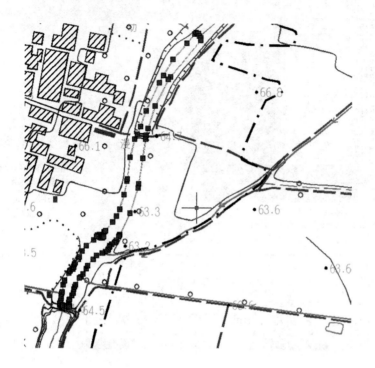

图2-4-7 河流的绘制

(3) 山体等高线的绘制

建立"DX–等高线"图层，颜色为7，线型为实线，使用【多段线】命令（PL）绘制等高线，绘制同一等高线一定要闭合，见图2-4-8。

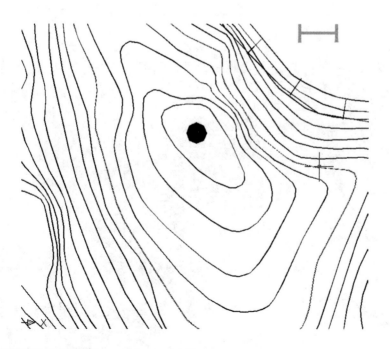

图2-4-8 山体等高线的绘制

(4) 主要交通廊道绘制

主要交通廊道主要包括高铁线路、铁路、高速公路、国道、省道、县乡级道路等，除铁路外，其他道路绘制方法基本一致，均使用多段线绘制，并设定线宽来区分等级。铁路绘制相对麻烦，下面以铁路绘制过程为例进行讲解。

1）新建图层"YD-T1"，颜色为 9，线型为实线；使用【多段线】命令（PL），绘制铁路线的任一边界的一边，见图 2-4-9；

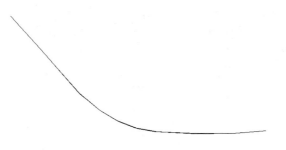

图 2-4-9　铁路中心
　　　　 线的绘制

2）【偏移】命令（O），偏移绘制铁路线段，距离为 100，沿中心线上下各偏移一次，见图 2-4-10；

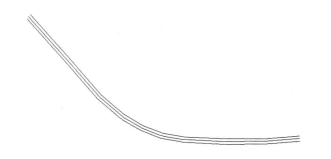

图 2-4-10　铁路宽度
　　　　　 偏移

3）选择铁路中心线，对其进行设置：右键选择【特性】，单击线型控制，选择"其他"，加载线型 ACAD ISO03W100，选取的中心线段即变成加载的线型；设置线型比例为 50，全局宽度为 200，见图 2-4-11。

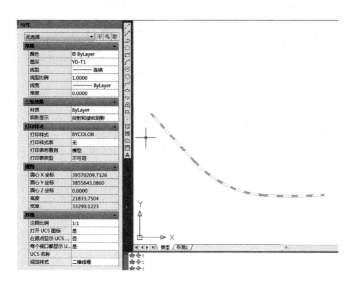

图 2-4-11　铁路中心
　　　　　 线特性修改

(5) 城乡建设用地绘制

1) 新建"YD-镇建设用地"、"YD-村庄建设用地"，镇建设用地颜色为
21，村庄建设用地则为 53，线型均为实线（若有城市建设用地，需增加"YD-
城市建设用地"，颜色为 11），见图 2-4-12；

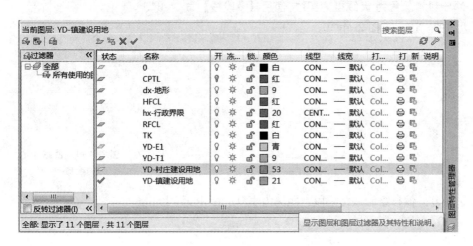

图 2-4-12　城乡建设
用地图层创建

2) 使用【多段线】命令（PL）分别围合镇建设用地、村庄建设用地，见
图 2-4-13；

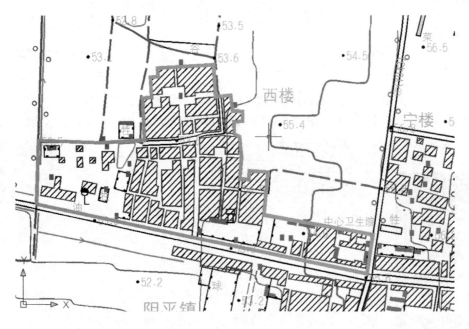

图 2-4-13　城乡建设
用地范围的创建

3) 标识镇政府与行政村名

①镇政府标注

步骤一:使用【圆】命令（C）绘制圆;【等分】命令（DIV),对圆进行五等分,
并用直线间隔连接 5 个点，五角星画好，见图 2-4-14；

步骤二:填充颜色,选择外圆,点右键激活【特性】对话框,将线宽调整2,打开线宽,见图2-4-15。

图2-4-14 镇政府图例的绘制（左）

图2-4-15 镇政府图例的填充与特性修改（右）

②行政村标注：使用"绘图"工具栏【圆】和【填充】命令,绘制一定半径的圆（C）,并进行填充（H）以表示出行政村的位置;使用"绘图"工具栏"文字"命令,书写出行政村的名称,见图2-4-16。

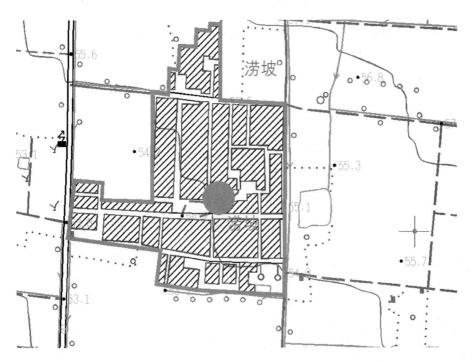

图2-4-16 行政村的标识

(6) 市政设施及其他标注绘制

1) 市政设施

市政设施包括变电站、电信局、供热站、燃气站等,其标识的绘制步骤是相似的,应重视在项目过程中的积累。下面以变电站的绘制为例讲述其绘制过程。

①使用【圆】命令 (C),绘制圆,线宽调整为 2,并显示线宽,见图 2-4-17。

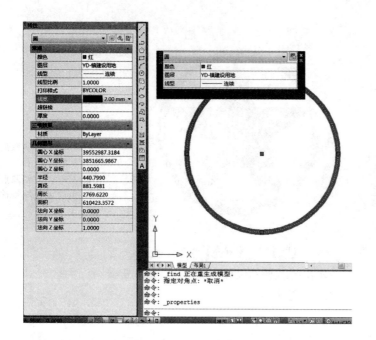

图 2-4-17　外圆的特
性修改

②使用【多段线】命令 (PL),绘制不同线宽的线 (线段起点与端点分别为 0,
40、40、40、40、0),操作过程见图 2-4-18。

图 2-4-18　变电站符
号的绘制

2) 文物古迹标注绘制

①使用【矩形】命令 (REC) 绘制矩形 (100×100),然后使用【偏移】命令 (O)
向内偏移 10,见图 2-4-19。

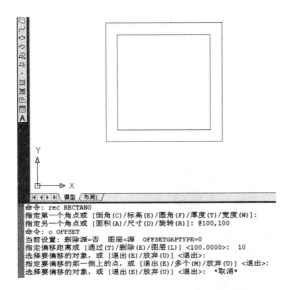

命令: rec RECTANG
指定第一个角点或 [倒角(C)/标高(E)/圆角(F)/厚度(T)/宽度(W)]:
指定另一个角点或 [面积(A)/尺寸(D)/旋转(R)]: @100,100
命令: o OFFSET
当前设置: 删除源=否 图层=源 OFFSETGAPTYPE=0
指定偏移距离或 [通过(T)/删除(E)/图层(L)] <100.0000>: 10
选择要偏移的对象, 或 [退出(E)/放弃(U)] <退出>:
指定要偏移的那一侧上的点, 或 [退出(E)/多个(M)/放弃(U)] <退出>:
选择要偏移的对象, 或 [退出(E)/放弃(U)] <退出>: *取消*

图 2-4-19 文物古迹
轮廓绘制

②使用【移动】命令（M）将内部的矩形上移重合，使用【多段线编辑】命令（PE）调整内外两个矩形的宽度，分别为 3、1，见图 2-4-20。

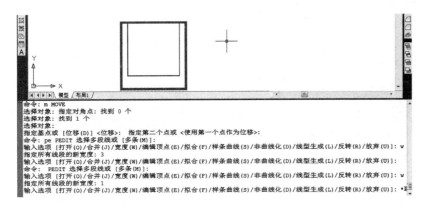

命令: m MOVE
选择对象: 指定对角点: 找到 0 个
选择对象: 找到 1 个
选择对象:
指定基点或 [位移(D)] <位移>: 指定第二个点或 <使用第一个点作为位移>:
命令: pe PEDIT 选择多段线或 [多条(M)]:
输入选项 [打开(O)/合并(J)/宽度(W)/编辑顶点(E)/拟合(F)/样条曲线(S)/非曲线化(D)/线型生成(L)/反转(R)/放弃(U)]: w
指定所有线段的新宽度: 3
输入选项 [打开(O)/合并(J)/宽度(W)/编辑顶点(E)/拟合(F)/样条曲线(S)/非曲线化(D)/线型生成(L)/反转(R)/放弃(U)]:
命令: PEDIT 选择多段线或 [多条(M)]:
输入选项 [打开(O)/合并(J)/宽度(W)/编辑顶点(E)/拟合(F)/样条曲线(S)/非曲线化(D)/线型生成(L)/反转(R)/放弃(U)]: w
指定所有线段的新宽度: 1
输入选项 [打开(O)/合并(J)/宽度(W)/编辑顶点(E)/拟合(F)/样条曲线(S)/非曲线化(D)/线型生成(L)/反转(R)/放弃(U)]: *取

图 2-4-20 文物古迹
轮廓宽度调整

③以矩形上边中点为起点，使用【多段线】命令（PL）绘制长度为 30 的线段，线宽起点宽度为 150，端点宽度为 0，操作过程见图 2-4-21。

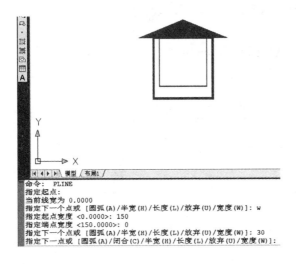

命令: PLINE
指定起点:
当前线宽为 0.0000
指定下一个点或 [圆弧(A)/半宽(H)/长度(L)/放弃(U)/宽度(W)]: w
指定起点宽度 <0.0000>: 150
指定端点宽度 <150.0000>: 0
指定下一个点或 [圆弧(A)/半宽(H)/长度(L)/放弃(U)/宽度(W)]: 30
指定下一点或 [圆弧(A)/闭合(C)/半宽(H)/长度(L)/放弃(U)/宽度(W)]:

图 2-4-21 文物古迹
图例

(7) 现状分析图效果处理

按照 2.2.2 适量地形图的处理步骤，分别将 DX- 地形、DX- 等高线、YD-E1、YD-T1、YD- 镇建设用地、YD- 村庄建设用地等图层导成可供 PS 处理的 EPS 文件；然后利用 PS 软件分别打开 EPS 文件，进行填色与效果处理（如等高线颜色由深变浅，以表示高程的逐渐降低），见图 2-4-22。PS 效果处理详解见修建性详细规划部分。

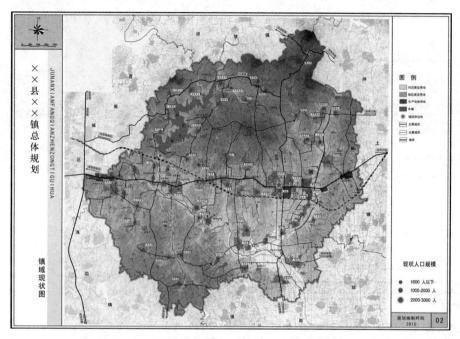

图 2-4-22　镇域现状
分析图示例

2.4.3　城镇镇域规划图制图

绘制城镇镇域规划图时，必须先确定出镇域规划边界，在规划范围内的底图基础上，绘制城镇的镇域道路网格局、重要基础设施、城乡建设用地等，最后在图框中绘制图面的图例。

(1) 镇域道路网络

按照主干道、次干道、支路等级绘制镇域道路网，在总规阶段只绘制道路红线即可。

1) 利用【图层编辑器】(LA) 新建图层"RD- 中线"，索引颜色 1、加载 CENTER 线型；新建"RD- 红线"，索引颜色 7、线型为 Continuous，见图 2-4-23；

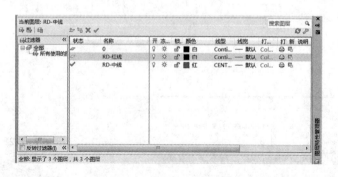

图 2-4-23　图层定义

2) 将"RD-中线"设置为当前图层，利用【多段线】命令（PL）绘制道路中心，然后使用【偏移】命令（O），中心线向两边偏移，偏移距离为 12、10（即道路红线宽度为 24m、20m），将偏移的道路红线，放置"RD-红线"图层上，见图 2-4-24；

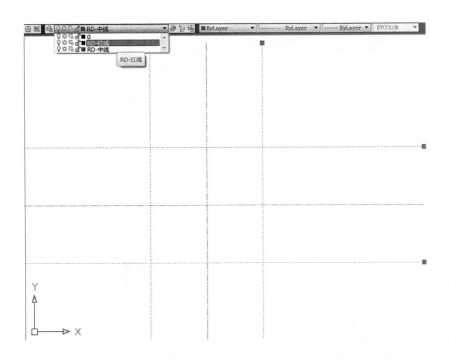

图 2-4-24 道路中心线的绘制与红线的生成

3) 利用【修剪】命令（TR）命令对交叉口进行处理，见图 2-4-25；

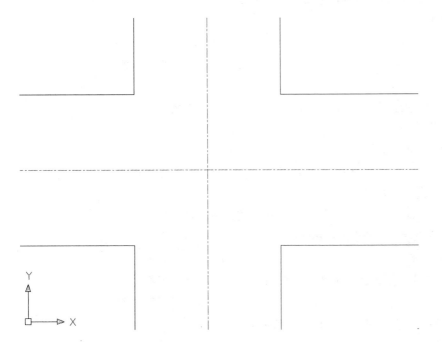

图 2-4-25 道路交叉口处理（修剪）

4）使用【倒直角】命令（CHA），提示"选择第一条直线或【放弃（U）／多段线（P）／距离（D）／角度（A）／修剪（T）／方式（E）／多个（M）】："输入"D"，再接着输入两个倒角距离"15"，选择两条直线即可，见图2-4-26；

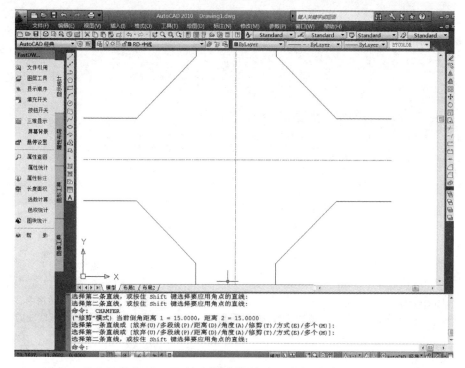

图 2-4-26　道路交叉口处理（倒直角）

注意：若有防护绿地，再道路红线的基础上进行偏移即可。

5）冻结"RD-中线"图层，并标记主要城乡道路名称。

（2）村庄建设用地

村庄建设用地需考虑土地利用规划、村庄撤并、村庄建设选址等情况，参照国家以及当地农村社区建设要求，初步核定村庄建设用地面积。

规范要求：《山东省村庄建设规划编制技术导则》：规定平原地区城郊居民点人均建设用地面积不得大于 90m^2／人，其他居民点不得大于 100m^2／人；丘陵山区居民点人均建设用地面积不得大于 80m^2／人。

村庄建设用地原则上村庄建设用地利用现有村庄建设用地、不得侵占耕地，选址应交通便利、设施相对齐全。

村庄建设用地按照《2.4.2　城镇现状分析图的制图》中"城乡建设用地绘制"的村庄建设用地的绘制与标识步骤操作即可。

（3）城镇建设用地

城镇建设用地的在镇域规划图上的表示一般有两种：一种是直接将镇区用地规划图落到镇域规划图上，镇区用地性质——表示；另一种是镇区建设用地直接用"镇区建设用地"单一颜色来标识，简单明了。

城镇建设用地的标识方法见本书2.4.4。

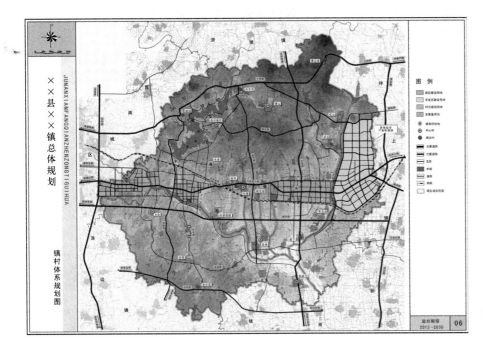

图 2-4-27 镇域规划
图示例

2.4.4 城镇镇区规划图制图

土地使用规划无论是总体规划阶段，还是控制性详细规划阶段，都是核心规划内容。各个规划阶段的土地使用图表达的内容基本一致，表示规划范围内各类不同性质用地的界线。

※ 不同阶段土地使用规划的区别

①用地分类的深度各有不同。总体规划的用地分类一般以大类为主，中类为辅；控制性详细规划用地分类是以小类为主，中类为辅。

②图纸的比例不同。总体规划图纸比例为 1：5000 ～ 1：25000，其中 1：10000 是常用的比例；控制性详细规划的图纸比例为 1：2000。图纸比例不同，相应的图面字体大小、线型比例、粗细也有所不同。

（1）地形图的准备

土地使用图（现状图、规划图）都应反映地形，现状图和规划图的绘制应在地形图上进行。镇域地形图一般为 1：5000 ～ 1：10000，镇区地形图一般为 1：1000 ～ 1：2000。

地形图的整理与准备见本书2.4.2。

（2）绘制道路红线

总体规划阶段的道路，一般图面上只需要表达道路红线即可。道路中线仅是辅助要素，用于道路红线的生成。

按照2.4.3中镇域道路网络的绘制过程，先利用【多段线】命令（PL）在

"RD– 中线"图层上绘制道路中心线（绘制过程中注意参照点），然后再根据规划道路红线宽度两侧各偏移 1/2 生成"RD– 红线"，再利用【修剪】命令（TR）、【倒直角】命令（CHA）命令对交叉口进行处理，最后冻结"RD– 中线"图层，标记主要城乡道路名称即完成（见图 2-4-28）。

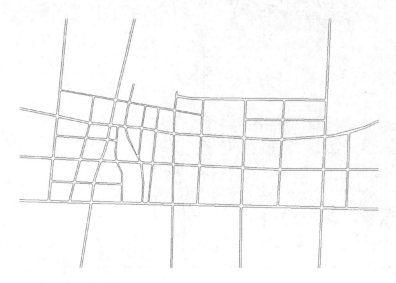

图 2-4-28　总体规划道路表达示例（中心线图层已冻结）

※ 注意事项

总体规划与控制性详细规划道路表达的差异：总规只需要表达道路红线，而控规图面上必须表达道路中心线、道路红线、路缘石、机非分隔带（三块板、四块板道路）、中央分隔带（两块板、四块板道路）等要素。

不同的要素也必须绘制在不同的图层上。

（3）地块界线的绘制与地块的填充

1）地块界线的绘制

地块界线是不同性质用地的边界线。地块界线可用多段线（pline）或直线（line）、弧段（arc）输入。其他与地块相关的边界要素还可能有防护绿地、河流、铁路等，建议也采用多段线（pline）输入，不同要素分别单独分层（见图 2-4-29）。

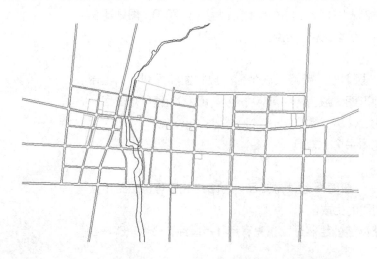

图 2-4-29　道路表达与用地界线表达

※ 注意事项

◆ 道路红线、地块边界及其他要素均应单独分层。

◆ 主要各个地块之间的公共边界，只输入一次，绝不要重复输入。

◆ 不要求每一个地块都是封闭的多段线（pline），但需要保证边界之间交接准确，要使用捕捉方式。

2）地块的填充

建立图层：参照表 2-3-1《城市规划设计图层图例》、表 2-3-2（b）《城市规划制图图例（试行）：城市建设用地（大类）制图图例》的色彩要求，按照不同用地性质建立图层。若一般镇可采用表 2-3-1 的色彩，如 "YD-C1" 颜色为 241，"YD-C2" 颜色为 240 等；中心镇则可视情况，使用表 2-3-2，如 "YD-A1" 颜色为 6，"YD-B1" 颜色为 1 等。

填充地块：利用【图案填充】命令（H），设定【图案】与【样例】，【添加：拾取点】，选取 A1 所有地块，完成后空格并确定即可，见图 2-4-30。

其他地块的填充可参照以上步骤操作。

图 2-4-30　用地地块填充

※ 注意事项

◆ 填充色块时，必须采用分层填充，一种用地性质的色块使用一个图层，以便于以后的面积计算。

◆ 填充色块时，必须采用分地块填充，一个地块执行一次填充命令。切勿一次选择多个地块填充，一次完成多个地块虽然快，但是得到的多个填充是一个实体，以后修改会十分麻烦。

(4) 属性块标注用地性质

在土地使用规划中，必须先为每个地块添加带属性的块以标识土地使用性质。

1) 创建一个带属性的块

①新建〝YD- 用地性质标注〞图层；运行菜单＜绘图＞/＜块＞/＜属性定义＞（快捷键 ATT)，进入【属性定义】对话框，见图 2-4-31。

图 2-4-31 【属性定义】对话框

②在属性一栏中，分别在〝标记〞、〝提示〞和〝值〞输入〝用地性质〞、〝输入用地性质〞、〝B1〞，见图 2-4-32。

图 2-4-32 【属性】输入

③在文字选项一栏中，输入文字的字体、对正、高度、旋转等特性。对于属性文字的大小并未有特别的要求，一般根据可以所画的图纸中地块大小的确定，见图2-4-33。

图2-4-33 【文字高度】输入

④属性定义完成后点击【确定】，将其放置地块中间的位置，见图2-4-34。

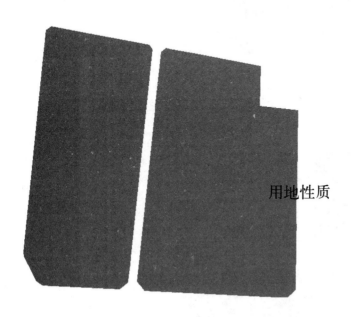

图2-4-34 【属性定义】完成

⑤使用内部块定义命令（快捷键B），运行【块定义】对话框，在"块名称"输入"用地性质"，然后选取"选择对象"点选"用地性质"，见图2-4-35。

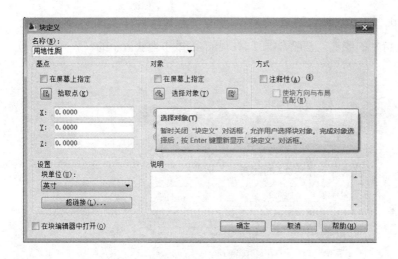

图 2-4-35 【块定义】
对话框

⑥选取【拾取点】，选择"用地性质"上相对居中一点，见图 2-4-36。

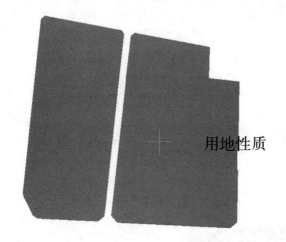

用地性质

图 2-4-36 【拾取点】
选取

⑦定义完成后，点击【确定】→【确定】，见图 2-4-37。

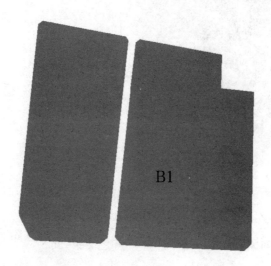

B1

图 2-4-37 【块定义】
完成

2）插入外部块，标注用地性质

①使用菜单＜插入＞/＜块＞（快捷键I），进入"插入"对话框，选择"用地性质"块。

图2-4-38 【插入块】对话框

②系统会提示"指定插入点或【基点（B）/X/Y/Z/旋转（R）】"（见图2-4-39），在地块中间位置点击确定位置；系统则会提示"输入用地性质＜B1＞："，输入该用地的用地性质即可。

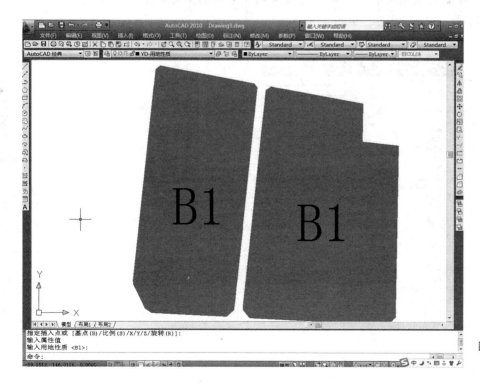

图2-4-39 用地属性的插入

③插入第一个属性块后,其余的地块可以采用一样的方法依次用【插入块】命令（快捷键I）插入；也可采用【复制】（copy）块的方法标注其他地块，直接双击属性块进行属性修改，见图2-4-40。

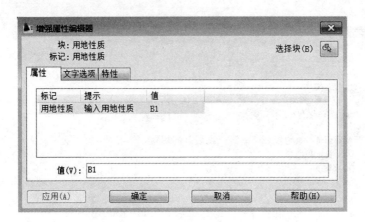

图2-4-40　用地属性的修改

(5) 调整图层显示顺序

为了使土地使用图的显示、输出符合城市规划制图要求，一般对图层显示顺序进行调整。城市规划制图要求城市规划图上应能看出原有地形、地貌、地物等要素，一般各种类型的图层自下而上显示顺序依次为：色块类图层（所有的土地使用性质填充）、地形所在图层、线要素图层（包括道路图层、所有的地块界限图层）、注记文字类图层（包括用地性质标注、图框、图例、其他文字等）。

使用菜单＜工具＞/＜显示顺序＞/＜前置＞或＜后置＞,配合图层关闭、冻结来进行各个图层显示顺序的调整，见图2-4-41。

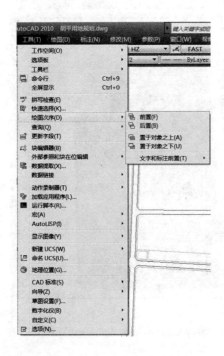

图2-4-41　图层顺序的调整

(6) 用地面积汇总和用地平衡

用地面积汇总一般有两种常见的统计方式，一种是利用 CAD 的命令统计，另一种则是利用第三方开发的小工具（插件、小程序）来计算、汇总用地面积。

1) 用地面积统计

可以利用【CAD 查询】命令 (LI)，见图 2-4-42；或【面积测量】命令 (AA)，见图 2-4-43。这种情况为了便于统计用地面积，同一用地性质的用地尽量一次性填充，以避免地块面积求和带来的大量工作量。但是一次性填充，又不利于小地块的用地统计。

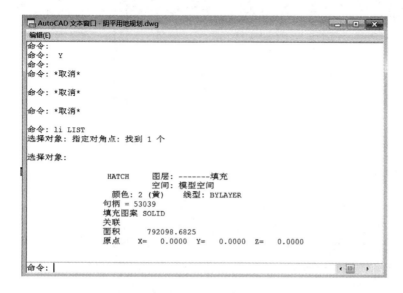

图 2-4-42 利用 LI 命令统计用地面积

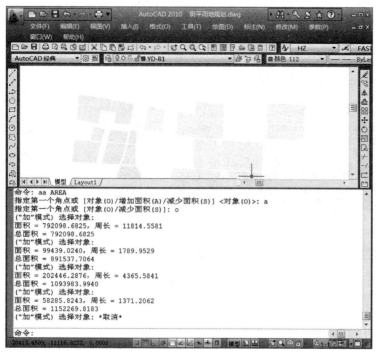

图 2-4-43 利用 AA 命令"加"模式统计用地面积

利用第三方开发的小工具（插件、小程序）来计算、汇总用地面积。下面以 Y.VLX 插件为例，讲解用地面积的统计步骤。

①Y.VLX 插件加载：菜单【工具】→【加载应用程序】(AP)，文件类型选择"＊.VLX"，找到 Y.VLX 插件路径，选中并加载，关闭即可，见图 2-4-44。

图 2-4-44　插件的加载

②输入命令"y"或"yy"打开工具箱，见图 2-4-45。

图 2-4-45　插件的运行

③将同一用地性质的色块图层打开，其他图层关掉，运行【填充面积】，见图2-4-46。

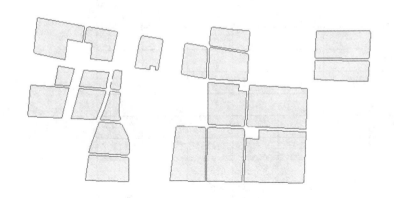

图2-4-46　同一地块色块边界的生成

④关掉色块图层，使用【统计面积】即可，见图2-4-47。

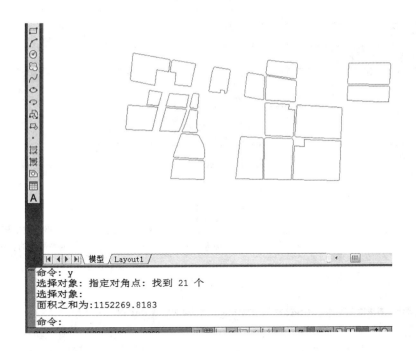

图2-4-47　面积统计

2）用地平衡表的制作

用地平衡表可以用Micrcsoft Excel来辅助制作。主要流程为：

①按照《城市用地分类与规划建设用地标准》GB 50137—2011建立城市建设用地平衡表，见图2-4-48。

②利用Excel公式编辑工具，对单元格进行公式编辑，见图2-4-49。

③将现状和规划面积在CAD中统计完直接填至用地平衡表中，对其他每个单元格进行公式设定，最终用地平衡表（样表）见图2-4-50。定义完之后所有总体规划项目用地统计和平衡只需修改红色和绿色项目即可。

表A.0.2 城市建设用地平衡表

用地代码	用地名称		用地面积（hm²）		占城市建设用地比例（%）		人均城市建设用地（m²/人）	
			现状	规划	现状	规划	现状	规划
R	居住用地							
A	公共管理与公共服务用地							
	其中	行政办公用地						
		文化设施用地						
		教育科研用地						
		体育用地						
		医疗卫生用地						
		社会福利设施用地						
		……						
B	商业服务业设施用地							
M	工业用地							
W	物流仓储用地							
S	道路与交通设施用地							
	其中：城市道路用地							
U	公用设施用地							
G	绿地与广场用地							
	其中：公园绿地							
H	城市建设用地				100	100		

备注：_____年现状常住人口_____万人　　　　_____年规划常住人口_____万人

图 2—4—48　城市建设用地平衡表的创建

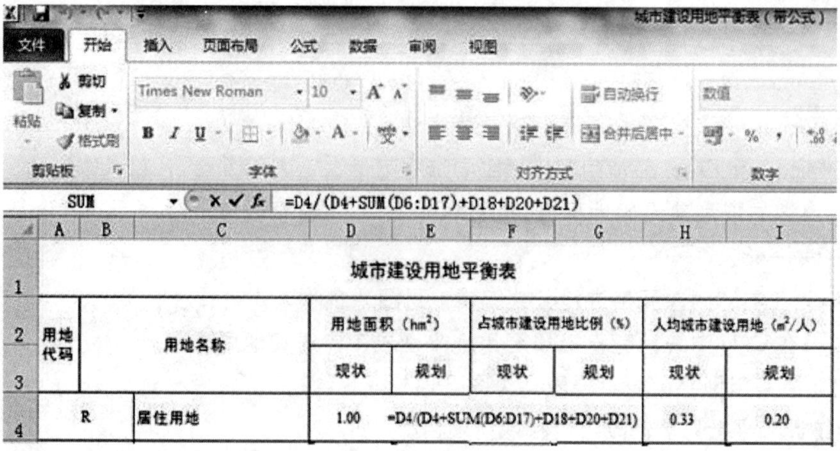

图 2—4—49　城市建设用地平衡表统计公式的设定

（Excel 界面截图，编辑栏公式：=D4/(D4+SUM(D6:D17)+D18+D20+D21)）

城市建设用地平衡表

	用地代码	用地名称	用地面积（hm²）		占城市建设用地比例（%）		人均城市建设用地（m²/人）	
			现状	规划	现状	规划	现状	规划
	R	居住用地	1.00	=D4/(D4+SUM(D6:D17)+D18+D20+D21)			0.33	0.20

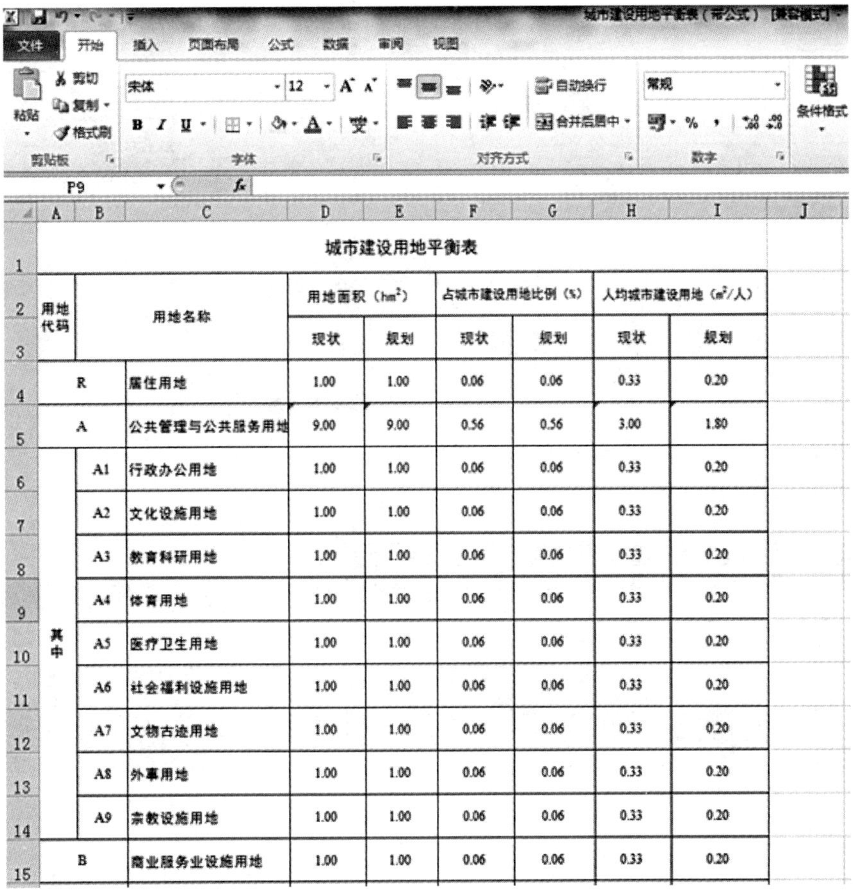

城市建设用地平衡表

用地代码		用地名称	用地面积（hm²）		占城市建设用地比例（%）		人均城市建设用地（m²/人）	
			现状	规划	现状	规划	现状	规划
R		居住用地	1.00	1.00	0.06	0.06	0.33	0.20
A		公共管理与公共服务用地	9.00	9.00	0.56	0.56	3.00	1.80
其中	A1	行政办公用地	1.00	1.00	0.06	0.06	0.33	0.20
	A2	文化设施用地	1.00	1.00	0.06	0.06	0.33	0.20
	A3	教育科研用地	1.00	1.00	0.06	0.06	0.33	0.20
	A4	体育用地	1.00	1.00	0.06	0.06	0.33	0.20
	A5	医疗卫生用地	1.00	1.00	0.06	0.06	0.33	0.20
	A6	社会福利设施用地	1.00	1.00	0.06	0.06	0.33	0.20
	A7	文物古迹用地	1.00	1.00	0.06	0.06	0.33	0.20
	A8	外事用地	1.00	1.00	0.06	0.06	0.33	0.20
	A9	宗教设施用地	1.00	1.00	0.06	0.06	0.33	0.20
B		商业服务业设施用地	1.00	1.00	0.06	0.06	0.33	0.20

图 2-4-50 城市建设用地平衡表（样表）

2.4.5 城镇各项专业规划图

进行城镇规划时各项专业规划是绘制城镇总体规划不可缺少的环节，其中包括各项专业图纸如下：道路交通规划、园林绿化、文物古迹及风景名胜规划、环境卫生设施规划、环境保护规划、防洪规划、抗震防灾规划以及市政工程规划（给水工程规划、排水工程规划、供电工程规划、电信工程规划、供热工程规划、燃气工程规划）等。专业规划图绘制方法类似，下面以绘制道路交通规划和市政工程规划图为例，讲述其绘制方法。

（1）道路交通规划图

总体规划阶段，道路交通规划一般表示道路交通交叉口坐标、标高以及横断面。其绘制方法为：道路红线图层和道路中心线图层保持开启状态，其他图层均关闭，将其作为底图，然后添加道路交叉口坐标、标高以及绘制道路横断面。

1）道路交叉口坐标的绘制

①使用【多段线】命令（PL）绘制坐标引出线，长度根据图面布局自定，见图 2-4-51。

②使用【文字】命令（T）输入任意输入坐标值 X=1234.56 和 Y=1234.56，并将文字坐标放至坐标引出线的上下侧，见图 2-4-52。

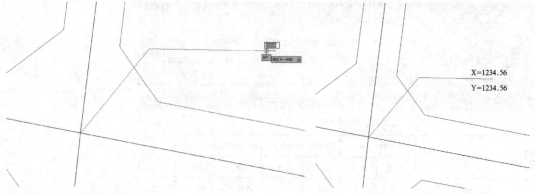

X=1234.56

Y=1234.56

图 2-4-51　坐标引出线的绘制　　　　　　　　　　　图 2-4-52　坐标值的输入

③使用常用工具中的【实用工具】"点坐标"（ID），打开对象捕捉，选取道路中心线交点，坐标即显示在命令行中，见图 2-4-53。

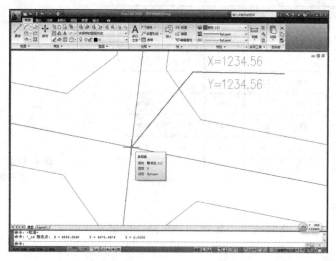

图 2-4-53　坐标值的
查询

④将命令行上拉，对照查询坐标，双击坐标修改道路交叉口坐标，见图 2-4-54。

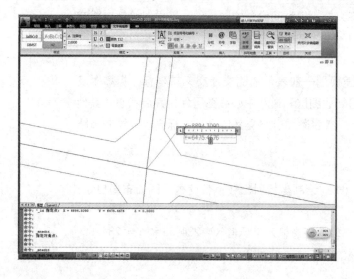

图 2-4-54　坐标值的
修改

2）道路交叉口标高的绘制

可以使用属性块进行标高的制作。

①使用【多段线】命令（PL）绘制标高符号，见图2—4—55。

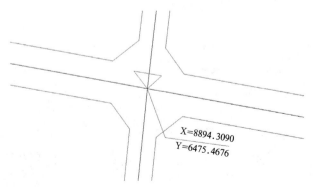

X=8894.3090
Y=6475.4676

图2—4—55　标高符号
的绘制

②使用块属性定义（ATT），在属性"标记"、"提示"、"默认"分别输入"标高"、"输入标高"、"%%P0.000"，根据图面修改文字高度，见图2—4—56。

图2—4—56　属性定义

③确定并将文字放在标高符号上，使用【块定义】命令（B），选择对象（标高符号和文字）和确定拾取点（标高符号倒三角端点），【确定】→【确定】即可完成属性块的定义，见图2—4—57。

图2—4—57　属性块的
定义

④使用【块插入】命令（I），选择块名称"标高"，并确定，见图 2-4-58。

图 2-4-58 属性块的
插入

⑤将道路交叉口作为插入点，空格，输入交叉口坐标即可，见图 2-4-59。

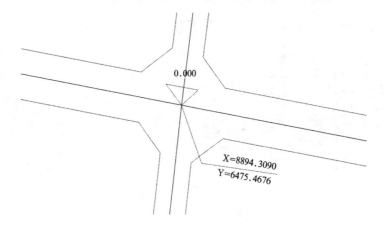

图 2-4-59 属性块查
入点的确定

3）坡度输入

①使用【多段线】命令（PL）坡向符号（箭头朝向高程低的交叉口），见
图 2-4-60。

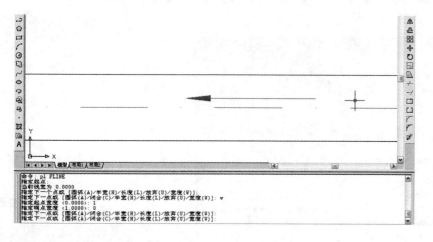

图 2-4-60 坡向符号
的绘制

②计算坡度（H1－H2）／L 交叉口距离，将结果放至坡向符号之上便可，见图 2-4-61。

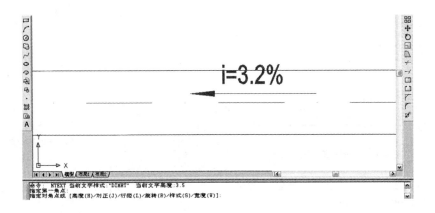

图 2-4-61　坡度的输入

4）道路横断面的绘制

总规阶段，道路断面表示方式由两种，一种为绘制剖切符号（A-A，B-B…，断面相同的道路符号一致），然后绘制不同剖切符号的道路断面；另一种则是直接在绘制不同的道路断面，在断面下标示道路名称。下面以 20 米道路断面（4.0-12.0-4.0）为例。

①使用【多段线】命令（PL），线宽设置为 0.1，使用正交与相对坐标模式依次输入绘制 4.0-12.0-4.0 道路断面，见图 2-4-62。

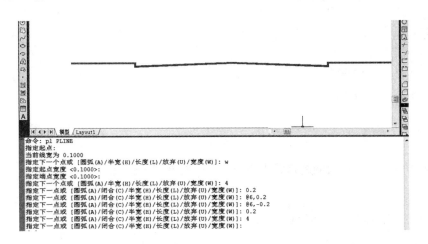

图 2-4-62　道路横断面的绘制

②添加道路横断面要素，如树木、路灯等，可以从网上下载一些图库，见图 2-4-63。

图 2-4-63　道路要素的添加

③添加道路尺寸以及道路名称，见图2-4-64。

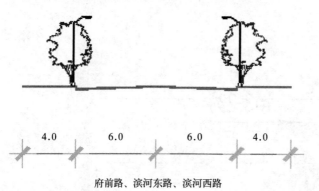

4.0   6.0   6.0   4.0

府前路、滨河东路、滨河西路

图2-4-64　道路尺寸及道路名称的添加

5）另外，我们也可利用CAD一些插件快速输入坐标、高程以及生成道路断面。下面以湘源控规为例讲解其过程。

①使用【多段线】命令（PL）绘制道路中心线，然后使用湘源控规【道路R】中的"单线转路"，对规划道路进行断面设置，见图2-4-65。

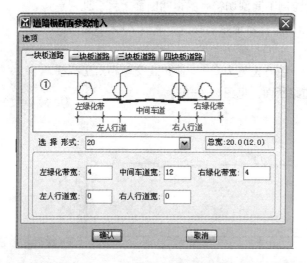

图2-4-65　道路断面参数设置

②设置完道路断面参数后，选择绘制的道路中心线，点击右键即可生成道路，见图2-4-66。

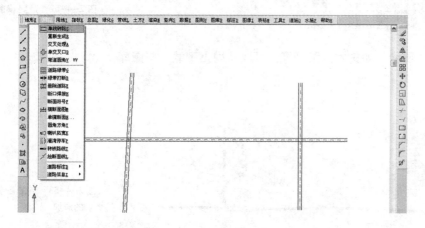

图2-4-66　[单线转路]生成道路

③使用湘源控规【道路R】中的"单交叉口"，单击道路中心线交点系统会对规划道路交叉口自动处理，见图2-4-67。

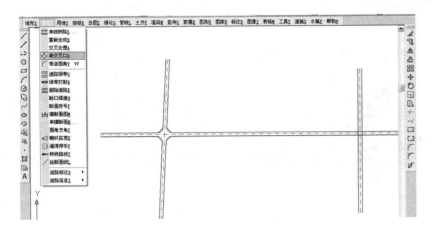

图2-4-67 [单交叉口]道路交叉口处理

④使用湘源控规【标注D】中的"注坐标"，单击道路中心线交点系统会生成坐标，见图2-4-68。

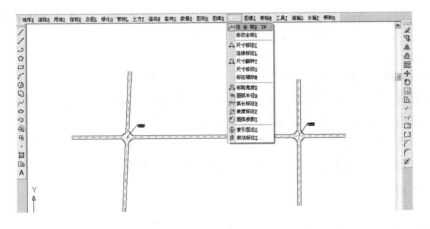

图2-4-68 [注坐标]生成道路交叉口坐标

⑤使用湘源控规【竖向S】中的"标高标注"，单击道路中心线交点，输入道路交叉口规划标高即可，见图2-4-69。

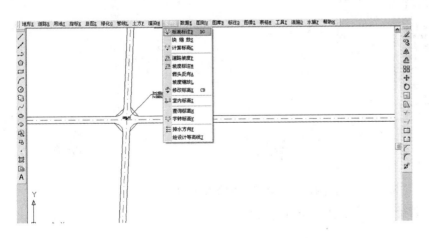

图2-4-69 [标高标注]输入道路交叉口高程

⑥使用湘源控规【标注D】或【竖向S】中的"坡度标注",选择相近两个道路中心线交点,然后依次输入两点的规划标高,系统会生成坡度,箭头朝向高程低的交叉口,见图2-4-70。

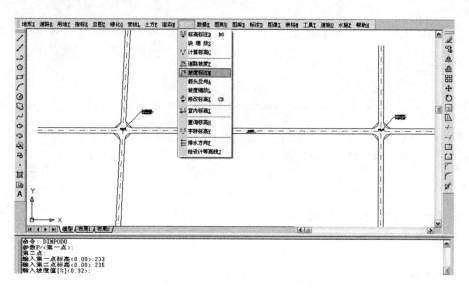

图2-4-70 [坡度标注]生成道路坡度

(2) 市政工程规划图

市政工程规划一般包括给水工程规划、排水工程规划、供电工程规划、电信工程规划、供热工程规划、燃气工程规划。在总规阶段,市政工程规划图表达方式类似,一般包括市政设施、市政管线以及管径、走向等。下面使用湘源控规演示污水工程规划图的绘制过程。

①使用【多段线】命令(PL)绘制管线(沿着道路),选择湘源控规【管线L】中"污水管线",见图2-4-71。

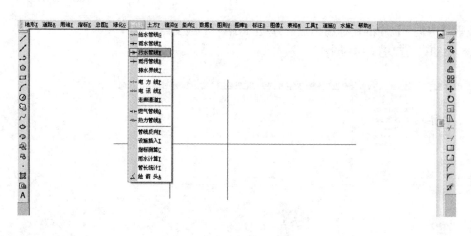

图2-4-71 管线的绘制与"污水管线"的选择

②运行"污水管线",默认"2-绘制规划管线",再输入实体"O",选择同一管径的管线,输入管径"D800",见图2-4-72。

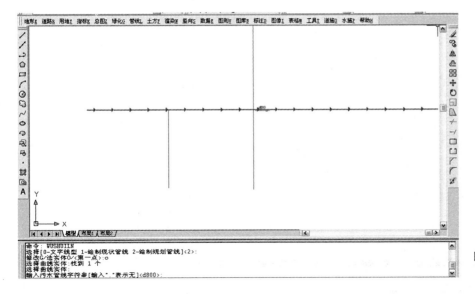

图 2-4-72 "雨 水 管
线"管径输入

③按照以上步骤绘制其他管径的管线，使用湘源控规【管线 L】中"管线
反向"选择走向错误的管线，点击右键即可调整管线的走向，见图 2-4-73。

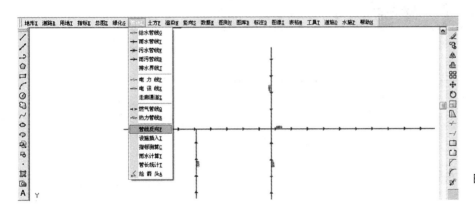

图 2-4-73 "雨 水 管
线"走向调整

④使用湘源控规【图库 B】中"图库管理"，选择"污水处理厂"插入，
放至污水处理厂地块内，见图 2-4-74。

图 2-4-74 雨水处理
厂的添加

3

控制性详细规划计算机辅助设计

本部分主要介绍控制性详细规划编制内容以及计算机辅助设计的方法。以 AutoCAD 为主，结合其他二次软件（如湘源控规、飞时达等），系统介绍控制性详细规划中计算机辅助设计的基本知识、技能和方法。充分发挥各软件的特长，通过不同软件的整合，帮助规划设计专业人员合理使用计算机，提高控规设计的工作效率，使学生能快速学会将 CAD 技术和控规设计紧密结合起来。

本单元重点

◆ 控制性详细规划主要图纸内容与深度要求

◆ 用地编码图、总图则、分图则图的绘制

3.1 控制性详细规划编制内容

按照《城乡规划法》以及《城市规划编制办法》规定，控制性详细规划以总体规划或分区规划为依据，在对用地进行细分的基础上，规定用地的位置、面积、允许建设的范围，使用性质、开发强度等规划条件。同时对空间环境、道路交通等提出控制要求，实现对用地建设的规划控制，并为土地的使用提供依据。

控制性详细规划成果应当包括规划文本、图件和附件。图件由图纸和图则两部分组成，规划说明、基础资料和研究报告收入附件。

3.1.1 控制性详细规划编制深度要求

（1）基本要求

控制性详细规划是城市规划体系中的一个重要组成部分，是城市总体规划的具体落实，是编制修建性详细规划的重要依据，也是地方规划行政主管部门依法行政的依据。因此，其成果表达深度应满足以下三方面的要求：

1）深化和细化城市总体规划（分区规划），将规划意图与规划指标分解落实到街坊地块的控制引导之中，保证城市规划控制的要求。

2）控制性详细规划在进行项目开发建设行为的控制引导时，将控制条件、控制指标以及具体的控制引导要求落实到相应的开发地块上，作为土地租让、招议标底条件。

3）所规定的控制指标和各项控制要求可以为具体项目的修建性详细规划、具体的建筑设计或景观设计等个案建设提供规划设计条件。

（2）内容深度

《城市规划编制办法》（2006）第四十一条规定了控制性详细规划的编制内容及深度要求：

1）确定规划范围内不同性质用地的界线，确定各类用地内适建，不适建或者有条件地允许建设的建筑类型。

2）确定各地块建筑高度、建筑密度、容积率、绿地率等控制指标；确定公共设施配套要求、交通出入口方位、停车泊位、建筑后退红线距离等要求。

3）提出各地块的建筑体量、体型、色彩等城市设计指导原则；

4）根据交通需求分析，确定地块出入口位置、停车泊位、公共交通场站用地范围和站点位置、步行交通以及其他交通设施。规定各级道路的红线、断面、交叉口形式及渠化措施、控制点坐标和标高。

5）根据规划建设容量，确定市政工程管线位置、管径和工程设施的用地界线，进行管线综合。确定地下空间开发利用具体要求。

6）制定相应的土地使用与建筑管理规定。

在落实总体规划和分区规划的前提下，在满足《城市规划编制办法》和《城市规划编制办法实施细则》的基础上，根据规划的具体地段的位置、性质、开发规模的不同要求，控制性详细规划在深度方面会有一定的差异。

例如，城市中的工业开发区，规划控制的内容就应当与其他地段不一样。工业开发区的控制性详细规划不仅要区分轻污染、重污染工业，还要确定污染总量并对环境污染的影响程度作出具体控制。城市中心区、重要街区、历史保护街区等地段在城市空间、景观上有较高的要求，因此，城市设计就比较重要。相应的，在控制性详细规划中对于城市空间、建筑物体量、体型、色彩乃至形式、风格、材料等都要作出较为详细的控制与引导；对于这些重要地段容积率的控制、奖励以及因地块性质的兼容性并由此引起的容积率容许变化值，都需要认真研究，找出可行的控制意见。而这些控制内容对城市的一般地区和非近期开发的市郊结合部，其重要性则相对降低。

3.1.2 规划文本内容与深度要求

控制性详细规划文本主要内容及深度要求如下：

（1）总则：阐明制定规划的目的、依据、规划原则、适用范围，主管部门和管理权限等。

1）规划目的：简要说明规划编制的目的，规划的背景情况以及编制的必要性和重要性。

2）规划依据与原则：简要说明与规划相关的上位规划、各级法律、法规、行政规章、政府文件和相关技术规定。提出规划的原则、明确规划的指导思想、技术手段和价值取向。

3）规划范围与概况：简要说明规划区自然地理边界、规划面积、规划区区位条件、现状用地的地形地貌、工程地质、水文水系、自然、人文、景观、建设等对规划产生重大影响的基本情况。

4）适用范围：简要说明规划控制的适用范围，说明在规划范围内哪些行为活动需要遵循本规划。

5）主管部门和管理权限：规划文本的技术性和概括性较强，需要明确规划实施过程中执行规划的行政主体，并简要说明管理权限以及管理内容。

6）文本、图则之间的关系、各自的作用、强制性内容的规定：控制性详细规划的文本与图则是相辅相成的关系。要实现规划控制的意图，单靠控制性详细规划文本文字控制或控制性详细规划分图图则的图形控制都不能达到理想的效果，所以应当将两者结合使用。规划文本、图则的法律地位、强制性条款指标内容设置也要明确说明。

（2）土地使用和建筑规划管理通则

1）用地分类标准、原则与说明：规定土地使用的分类标准，一般按国标《城市用地分类与规划建设用地标准》GB 50137—2011说明规划范围中的用地类型。并阐明哪些细分到中类、哪些细分至小类，新的用地类型或细分小类应加以说明。

2）用地细分标准、原则与说明：对规划范围内用地细分标准与原则进行说明，其内容包括划分层次。用地编码系统、细分街坊与地块的原则，不同用地性质和使用功能的地块规模大小标准等。

3）控制指标体系说明：阐述在规划控制中采用哪些控制指标，区分规定指标和引导性指标，说明控制方法、控制手段和控制指标的一般性通则规定或赋值标准。

4）各类使用性质用地的一般控制要求：阐明规划用地结构与规划布局，各类用地的功能分布特征；用地与建筑兼容性规定以及适建要求；混合使用方式及其控制要求；建筑容量（人口容量、容积率、建筑面积、建筑密度、绿地率等）控制原则与控制要求；建筑间距，后退道路红线距离，建筑高度、体量、形式、色彩等的控制原则与要求。

5）道路交通：明确道路交通规划系统与规划结构，明确道路等级标准，提出道路交通一般控制原则与要求。

6）配套设施：明确公共设施系统、各市政工程设施系统（给排水、供电、电信、燃气、供热等）的规划布局与结构，设施类型与等级，提出公共服务设施配套要求，市政工程设施配套要求及一般管理规定；提出环境保护、综合防灾、环境卫生等设施的控制内容以及一般管理规定。

7）其他通用性规定：规划范围内的"五线"（道路红线、绿地绿线、保护紫线、河湖蓝线、设施黄线）的控制内容、控制方式、控制标准以及一般性管理规定；历史文化保护要求以及一般管理规定；竖向设计原则、方法、标准及一般性管理规定；地下空间利用要求及一般管理规定；根据实际情况和规划管理需要提出的其他通用性规定。

（3）城市设计引导

1）在上一层次规划提出的城市设计要求基础上，提出城市设计总体构思和整体结构框架，补充、完善和深化上一层次城市设计要求。

2）根据规划区环境特征、历史文化背景和空间景观特点，对城市广场、绿地、水体、商业、办公和居住等功能空间，城市轮廓线、标志性建筑、街道、夜间景观、标识及无障碍系统等环境要素方面，重点地段建筑物高度、体量、风格、色彩、建筑群体组合空间关系，及历史文化遗产保护提出控制、引导的原则和措施以及管理规定。

（4）关于规划调整的相关规定

包括调整程序、调整范畴以及调整的技术规范等的明确规定与管理。

（5）奖励与补偿的相关措施与规定。

对老城区公共资源缺乏的地段以及有特殊附加控制与引导内容的地区，提出规划控制与奖励的原则、标准和相关管理规定。

（6）附则

阐明规划成果组成、使用方式、规划生效、解释权、相关名词解释等。

（7）附表

一般应包括《用地分类一览表》《现状与规划用地平衡表》《土地使用兼容控制表》《地块控制指标一览表》《公共服务设施规划控制表》《各类用地与设施规划建筑面积汇总表》以及其他控制与引导内容或执行标准的控制表。

3.1.3 规划图件内容与深度要求

控制性详细规划规划图件包括规划图纸与图则。

（1）规划图纸

1）区位图（比例不限）

标明规划用地在城市中的地理位置及规划范围，与城市重要功能片区、组团之间的区位关系，毗邻用地关系，以及规划用地周围道路走向、重要交通设施、地区的可达性等，见图3-1-1。

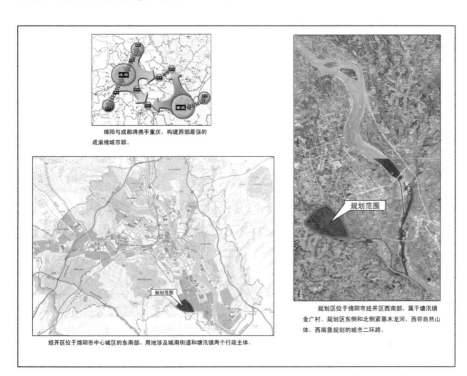

图 3-1-1 区域位置图示例

2）规划用地现状图（比例1：2000～1：5000）

标明自然地貌、各类用地范围和产权界限、用地性质、现状建筑质量等内容，见图3-1-2。

图 3-1-2 规划用地现状图示例

3）土地使用规划图（比例1∶2000～1∶5000)

标明各类用地细分边界、用地性质等内容。土地使用规划图应与规划用地现状图比例一致，见图3-1-3。

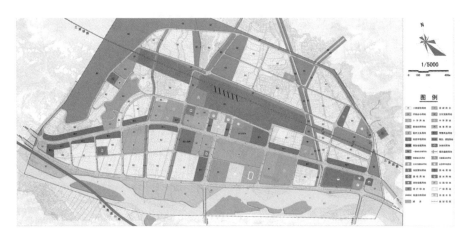

图 3-1-3　土地使用规划图示例

4）道路交通规划图（比例1∶2000～1∶5000)

标明规划范围内道路分级系统、内外道路衔接、道路断面、交通设施、公交系统、步行系统、交通流线组织、重要交叉口渠化设计，标明主要控制点坐标、标高等内容，见图3-1-4。

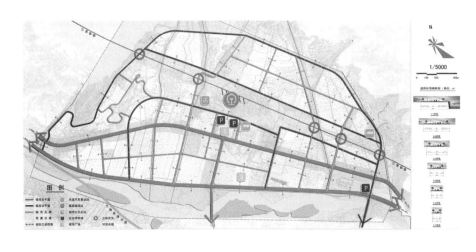

图 3-1-4　道路交通规划图示例

5）竖向规划图（比例1∶2000～1∶5000)

在现状地形图上标明规划区域内各级道路围合地块的排水方向，各级道路交叉点、转折点的标高、坡度、坡长，标明各地块规划控制标高，见图3-1-5。

6）绿地景观规划图（比例1∶2000～1∶5000)

标明不同等级和功能的绿地、开敞空间、公共空间、视廊、景观节点、特色风貌区、景观边界、地标、景观要素控制等内容，见图3-1-6。

7）工程系统规划图（比例1∶2000～1∶5000)

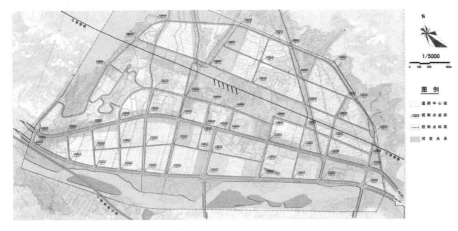

图 3-1-5　竖向规划图示例

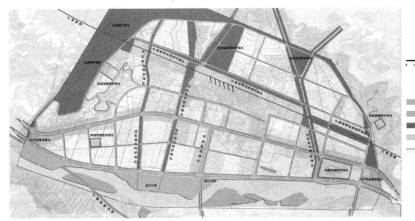

图 3-1-6　绿地规划图示例

标明各类市政工程设施（给水、排水、电力、电信、燃气、供热等）的源点、管线布置、管径、路由走廊、管网平面综合与竖向综合等内容。

8）其他相关规划图纸（比例 1：2000～1：5000）

根据具体项目要求和控制必要性，可增加绘制其他相关规划图纸，如环卫规划图、防灾规划图、开发强度区划图、建筑高度区划图、历史保护规划图、地下空间利用规划图等。

（2）规划图则

1）用地编码图（比例 1：2000～1：5000）

制定统一的可以与周边地段衔接的用地编码系统，在图上标明各地块划分具体界限和地块编号，作为分地块图则索引，见图 3-1-7。

2）总图则（比例 1：2000～1：5000）

各项控制要求汇总图，一般应包括总图则、设施控制总图则、"五线"控制总图则。总图则应重点体现控制性详细规划的强制性内容，见图 3-1-8。

3）分图则（比例 1：500～1：2000）

规划范围内针对街坊或地块分别绘制的控制规划图则，应全面系统地反映规划控制内容，并明确区分强制性内容。分图图则的图幅大小、格式、内容深度、表达方式应尽量保持一致。

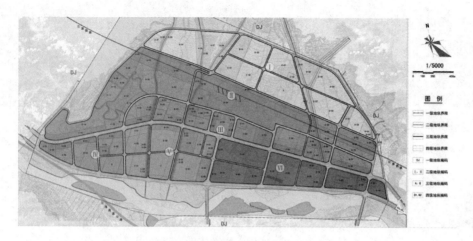

图 3-1-7 用地编码图
示例

图 3-1-8 建筑高度
控制图示例

3.1.4 附件内容与深度要求

附件包括规划说明书、相关专题研究报告、相关分析图纸和基础资料汇编等内容。

规划说明书主要对规划背景、规划依据与指导思想、工作方法与技术路线、现状分析与结论、规划构思、规划设计要点、规划实施建议等内容作系统详尽的阐述。

相关专题研究报告是针对规划重点问题、重点区段、重点专项进行必要的专题分析，提出解决问题的思路、方法和建议，并形成专题研究报告。

相关分析图纸主要是在规划分析、构思、设计过程中必要的分析图纸，比例不限。

规划编制过程中所采用的基础资料整理与汇总后就形成了基础资料汇编。

3.1.5 控制性详细规划强制性内容

《城市规划编制办法》（2006）第四十二条明确规定，控制性详细规划确定的各地块的主要用途、建筑密度、建筑高度、容积率、绿地率、基础设施和公共服务设施配套规定应当作为强制性内容。

3.2 控制性详细规划图的前期准备

城镇控制性详细规划计算机辅助设计的主要图纸包括区位图、规划用地现状图、土地使用规划图、道路交通规划图、竖向规划图、绿地景观规划图、工程系统规划图、用地编码图、总图则、分图图则等图纸。其中除图则部分外，其余图纸绘制方法与总体规划中相应的图纸，虽然范围和侧重点不同，深度不同，但绘制方法及过程基本相同，故在本部分内容中就不再重述，本章主要介绍图则部分的绘制。例如规划用地现状图和土地使用规划图在城镇总体规划中也有类似的图纸，但在总体规划中用地分类只需要标到大类和中类即可，而在控制性详细规划中，需要标注到中类和小类。

控制性详细规划图的前期准备工作包括：地形图准备、道路绘制、地块边界绘制和地块填充、属性地块标注用地性质。这些工作的具体做法与本书第二部分城镇总体规划中城镇镇区总体规划图制图部分基本一致，此处不再重复。控制性详细规划中完成了上述准备工作和土地使用规划图后，就可以直接进入到图则绘制。

3.3 控制性详细规划计算机辅助设计

3.3.1 用地编码图制的绘制

前期准备工作完成后，绘制图则首先要绘制用地编码图。用地编码图是在用地规划图的基础上，按照制定好的统一的可以与周边地段衔接的用地编码系统，在图上标明各地块划分具体界限和地块编号，作为分地块图则索引。

地块划分通常要结合城镇组团式发展模式，建议采用各组团分别编码的形式，地块划分基本原则如下：

(1) 交通可达性。根据规划道路、河流、铁路等按集中的空间划分。

(2) 空间完整性。保证街区空间的相对完整。

(3) 主导功能的完整性。强调分区内各主要功能的相对完整。

(4) 兼顾行政区划分原则。考虑用地与行政区划关系，合理划分分区。

各城市组团内以城市道路来划分，保证用地功能的完整性，用地编码的唯一性和可细分性；起到承上启下的作用，保证总规的落实，指导修规的编制。

确定了用地编码后，即可绘制用地编码图。绘制时，首先新建"地块编号"的图层，分别在每一个地块中用文字标注标该地块的编号，用地编码图见图 3-3-1。

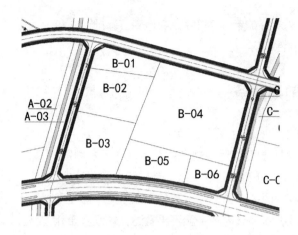

图 3-3-1　用地编码图

3.3.2　总图则绘制

总图则重点体现控制性详细规划的强制性内容，一般包括地块控制总图则、"五线"控制总图则、设施控制总图则、开发强度控制图、建筑密度控制图、建筑高度控制图等内容。

（1）地块控制总图则

地块控制总图则中需要表明每一地块的地块边界、地块编号、用地性质、该地块的面积、控制容积率、建筑密度、建筑限高和绿地率等控制指标。该图纸在用地编码确定后绘制。通常在 CAD 中采用表格的形式表达。首先绘制表格，然后用文字标注在表中填上相应控制指标。

具体步骤如下：

1）首先通过表格样式命令设置表格样式。启动表格样式命令有两种方式。第一种是单击 CAD 菜单中的"格式"中的"表格样式"，弹出表格样式对话框。第二种是在命令行中输入"TABLESTYLE"回车确认后，即弹出表格样式对话框，见图 3-3-2。

2）单击对话框中的"新建"按钮，弹出"创建新的表格样式"对话框，见图 3-3-3。

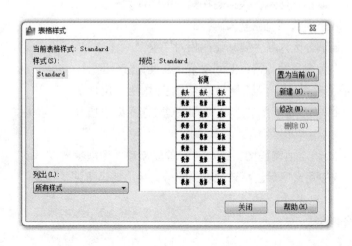

图 3-3-2　"表格样式"对话框

图 3-3-3 "创建新的
表格样式"对话框

3) 在"新样式名"文本框中输入"总图则地块控制指标",单击"继续"按钮,
弹出"新建表格样式:总图则地块控制指标"对话框,在其中定义好表格样式,
见图 3-3-4。

图 3-3-4 "新建表格
样式:总图则地块
控制指标"对话框

4) 表格样式定义完成后,即可启动表格命令创建表格。单击"绘图"菜
单下的"表格"按钮,弹出"插入表格"对话框。或在命令行输入"TABLE",
按回车键确认,即弹出"插入表格"对话框,见图 3-3-5。

5) 在"预览"框中,可以显示当前设置表格的预览效果。设置好各个参
数后单击"确定"按钮。将表格插入到地块中,见图 3-3-6。在表头中输入
用地编号,下方数据中依次输入用地性质、用地面积、容积率、建筑密度、绿
地率和建筑限高等指标。需要注意的是这些指标值不论是在 CAD 中还是其他
规划专业软件(如湘源控规、飞时达等)中都不会自动生成,需要我们通过大
量的前期分析来确定。

如果地块过小,没有足够的空间布置下上述控制指标表格,可以采用引
出标注的形式在附近适当的地方摆放,见图 3-3-7。

图 3-3-5 "插入表格"对话框

用地编号	
用地性质	D：建筑密度
S：用地面积	G：绿地率
F：容积率	H：建筑限高

图 3-3-6 总图则控制指标

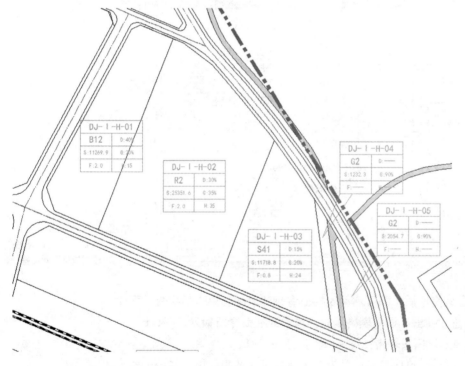

图 3-3-7 总图则局部图

(2) "五线"控制总图则

"五线"指的是道路红线、绿地绿线、设施黄线、河湖蓝线和历史文物保护紫线五种控制线，"五线"控制总图则中需要标注出"五线"的具体位置边界及其控制范围。控制范围通常用相应的颜色填充表示。边界线和填充绘制方法本书第二部分已有介绍。"五线"控制图在绘制时实际有几种控制线就绘制几种控制线。例如该控规范围内如果没有历史文物保护用地，就不需要绘制紫线。具体步骤如下：

1）首先用图层命令设置五线的边界线和填充的图层，见图 3-3-8。边界线和填充范围线型选用实线，颜色按标准选用。

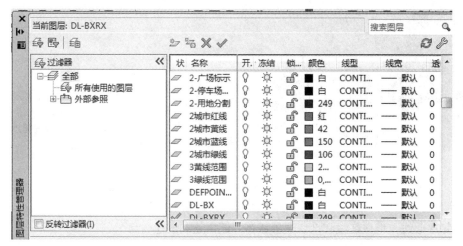

图 3-3-8 "五线"控制总图则

2）图层设置好后使用【多段线】命令（PL）依次绘制好"五线"控制边界，最后用相应图层颜色填充好控制范围即可，见图 3-3-9。

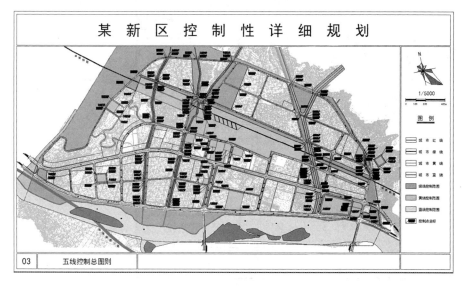

图 3-3-9 "五线"控制总图则

（3）开发强度控制图等

开发强度控制图、建筑密度控制图和建筑高度控制图等图纸的内容虽然不同，但表达方式基本相似，都是用不同颜色来表示各个地块的各项控制指标。例如开发强度控制图中应首先确定容积率的范围和划分档次，不同范围的容积率用不同的图例表达出来，然后在总图则上各个地块中按照规划号的该地块的容积率填充相应的颜色，见图 3-3-10。

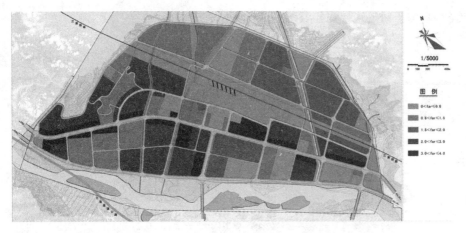

图 3-3-10 开发强度
控制图

3.3.3 分图则

图则中除了需要表达各项控制指标外，以及在总图则中已经绘制的地块编号、道路红线、道路中心线、地块红线和地块边界线等，还需绘制出控制点定位坐标、建筑控制线、主要出入口及机动车禁止开口线和缩略图等内容。图则图纸中包括以下内容：图框、图纸、项目名称、图名、风玫瑰图、地块编号、缩略图、图则图例、文字说明、控制指标、设计单位及设计日期，见图 3-3-11。

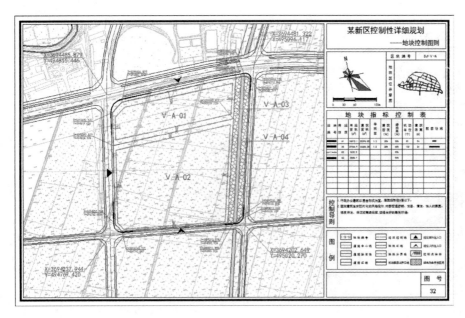

图 3-3-11 图则

(1) 制作图则的前期准备工作

首先在该项目的文件夹中建立的 CAD 文件夹中新建名称为"图则"的文件夹，然后在"图则"文件夹中新建名称为"外部参照"的文件夹。外部参照是把已有的图形文件以参照的形式插入到当前图形文件中，不论外部参照的图形文件多么复杂，CAD 只会把它当做一个单独的图形实体，这样可以利用一组简单的子图形来形成一个复杂的主图形，在对子图形修改时主图形并不会改变，只有在主图形再次打开时才会发生改变，同时便于许多人一起完成一项复杂的工作，自己的图形可以反映其他人的图形变化，在工作时节省存储空间、提高效率、节省时间。在对外部参照图形的任何改动都将会反映到引用了该图形的所有图形中，避免重复劳动。图则外部参照文件夹通常包括图框、总图、地形图、道路图等 CAD 文件。绘制图则前首先要准备好外部参照文件夹中需要的总图、地形图、道路图等 CAD 图形文件。一般绘制图则的工作流程为：先绘制总图及修改道路、地形图；然后制作图框，插入外部参照，裁切创建出图则；制作图则样板，最后依据样板制作所有图则成品。

（2）绘制总图

图则总图绘制时，图中内容包括地块边界线、地块退界限；地块指标、标志；地块控制点定位坐标；建筑控制线及建筑后退距离标注；建议主要出入口标志；禁止机动车开口线；红线、蓝线、黄线、绿线、紫线及各线范围填充等。

图则总图模板由所做项目的用地规划图修改而来，只保留用地规划图中的地块。在湘源控规中，地块、指标、用地代码等是一个整体，选中一地块用"PR"命令调出特性对话框，可在该对话框中修改相关数据，如地块的大小、地块的颜色显示与否等，见图 3-3-12。图则总图中不显示用地代码。修改完之后，用"PURGE"命令清理图层，然后保存。

1）控制点定位坐标

包括道路交叉口坐标、道路红线坐标和地块边界坐标，坐标的输入见本书第二部分内容。控制点定位坐标是控规中的重要内容，为了确保坐标的准确，在总图则绘制时，将图纸方向坐标位置调整好以后，图纸不能再进行平移、缩放等会影响到定位的操作。控制点定位坐标标注时需要注意以下几点：首先，检查坐标标注是否能够满足定位需要，有没有漏掉的定位点，确保根据这些定位点就能准确定位。其次各个坐标点应显示清楚不与其他项重叠。最后还要考虑坐标值数字的字体大小是否合适，打印出图后能否看清楚。标注字体大小可以先给一个值，在出图时根据具体图则显示情况再进行修改。控制点定位坐标的标注见图 3-3-13。

2）建筑控制线

建筑后退指在城市建设中，建筑物相对于规划地块边界的后退距离通常以后退距离的下限进行控制。建筑后退距离是为了避免城市建设过程中产生混乱，保证必要的安全距离以及保证必要的城市公共空间和良好的城市景观。各个地方对不同情况下建筑后退下限均有较为详细的规定。

图 3-3-12　地块特性
修改

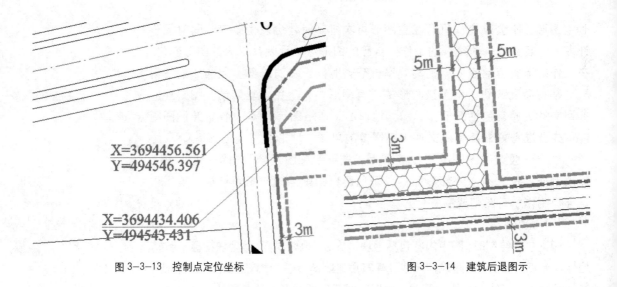

图 3-3-13 控制点定位坐标　　　　　　　　　　图 3-3-14 建筑后退图示

一般包括建筑后退用地红线、建筑后退道路红线、建筑后退河道蓝线、建筑后退绿线、黄线、紫线等。其退让距离的确定除必须考虑消防、防汛、交通安全等方面外、还应考虑城市景观、城市公共活动空间要求等。

在图则中必须明确地标示出建筑后退的下限值，以保证在以后的建设中有必要的建筑后退距离。绘制图则时绘制出该地块的建筑控制线并标注出建筑控制线后退地块红线的距离。建筑后退的图示通常用距离标注的方法表示，见图 3-3-14。

在湘源控规中地块边界线和建筑后退绘制比在 CAD 中要简单一些。

3）地块边界线的绘制

首先在图则总图中选中所有地块，在特性对话框中设成"只显示地块界线"。然后新建一命名为"地块边界线"的图层，并将其置为当前图层。使用【创建边界】命令（BO），创建出地块边界线，然后修改线的宽度、颜色，颜色要能与城市黄线、蓝线、绿线、机动车禁止开口线、建筑后退界线等区别开来。做完地块边界线后可将地块的指标图块显示出来，不显示地块界线。

4）建筑后退线的绘制

将图则总图另存一个副本，在这个副本中新建"建筑后退界线"图层。将地块边界线置为当前图层，同一地块按照不同的建筑后退要求，例如某一地块四周的建筑后退距离分别为 3m 和 5m，则用【偏移】命令（O）命令分别向内部偏移 3m 和 5m，通过剪切，保留需要的 3m 和 5m 的边。将"建筑后退界线"图层作为当前层，【创建边界】命令（BO）后得到建筑后退界线，见图 3-3-15。

绘制好了地块边界线和建筑后退界线后，标注建筑后退界线距离。标注颜色应与其他颜色区别开，标注字体大小可先设定一值，等出图时再调整。

5）主要出入口及禁止机动车开口线

图则中对建设项目的交通活动也要进行控制，其具体控制内容为：交通出入口的方位、数量，禁止机动车出入口路段，交通组织规定、地块内容许通

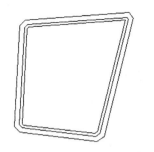  

图 3-3-15　建筑后退
界线绘制步骤示意图

过的车辆类型以及地块内停车泊位数量。

地块出入口方位要考虑周围道路等级及该地块的用地性质。一般规定对城市快速路不宜设置出入口，城市主干道出入口数量要求尽量少，相邻地块可合用一个出入口。城市次干道及支路出入口根据需要设定，数量一般不限制。

图则中需要标注出建议的机动车出入口和人行出入口，出入口常用三角形或箭头表示。

在图则中需明确绘制出机动车禁止开口线。绘制机动车机制开口线时可以先新建一个图层并命名为"0- 禁止开口线"，再将该图层置为当前图层。图层颜色可以设为黄色、黑色或其他颜色，颜色选择应清晰醒目，并能与城市黄线等已有线型区分开来。机动车禁止开口线通常用较粗的多段线绘制，见图3-3-16。

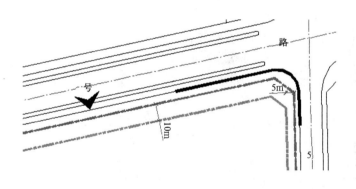

图 3-3-16　出入口和
机动车禁止开口线

机动车位在地块控制指标表中体现，图中一般不规定具体车位位置。

（3）制作图框，裁切创建出图则

绘制某一地块的分图则时，首先要把该地块从总图则中分离出来。确定比例和图纸大小后，需要制作一个符合该比例和图幅大小的图框，分图则一般采用 1：500 ～ 1：2000 的比例绘制。图则图框一般各设计院都有自己固定的格式。图 3-3-17 为某设计院图则图框。

将图则总图清空另存一个名称，然后插入外部参照：地形图、图则总图、道路和图框。复制这个图则 CAD 文件并命名为相应的图名，例如 D-4，C-3 等，依据相应地块大小插入相应大小的图框外部参照。插入外部参照时需注意参照类型为附着型，路径类型为相对路径，插入外部参照时插入点、比例、旋转、统一比例都不选。

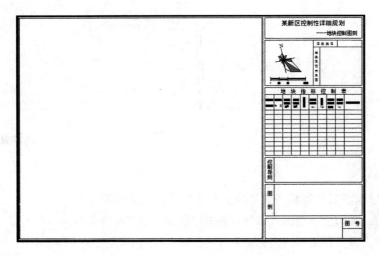

图 3-3-17　图则图框

确定图框格式后，按图框把该地块从总图则中裁剪出来。裁剪时用图框左边最内的图框复制到总图则中对应的地块上，见图 3-3-18。

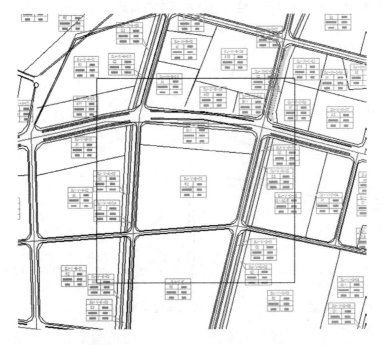

图 3-3-18　裁切分图则

在命令行输入修剪命令"TR"按回车键确认，选择边框为修建边界，回车确认，边框外的图修剪干净即完成了裁切图则这一步任务。

以上是在 CAD 中裁切分图则的步骤，在湘源控规和飞时达等规划专业软件中，这一工作可以大幅简化。这些软件中同样也要先制作好符合比例和图幅大小的图框，然后用图则功能中的裁切分图则即可完成裁切任务。

（4）缩略图

在分图则中还需绘制缩略图，缩略图用于示意该图则地块的位置，一般用道路图做底图修改得到区位缩略图。修改方法为删去道路名称图层、保留其他的线段，所有线段的颜色建议修改为 9 号色，然后按整体比例缩放进入区位缩略图所在的区域。以此为底图在其中标注出该图则地块的位置。

用 CAD 绘制缩略图时，通常只需要绘制出路网，能确定该地块在总图则中的位置即可。有了缩略图的底图后，绘制每一个分图则时，用填充命令，将该图则表达的地块填充上较醒目的颜色即可。缩略图通常位于图则的右上角，比例较小。图 3-3-19 为一图则的缩略图例图。

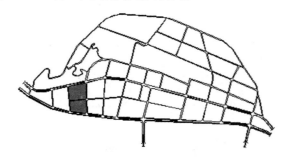

图 3-3-19　缩略图

在飞时达软件中，缩略图可以自动生成，不需要另行绘制。缩略图生成方法为在菜单上单击"分图则"下的"缩略图生成"即可自动生成缩略图。

(5) 控制指标

控制性详细规划的分图则中，一般需要标注的规划指标包括地块编号、地块面积、用地性质、容积率、建筑密度、建筑控制高度、绿地率和配建车位、配套设施等。这些指标通常在图则中用表格的形式表达。地块控制指标表见图 3-3-20。

在 CAD 中绘制表格的过程前面已经介绍过，此处不再重复。各指标值的确定需要根据国家和地方的相关法律、法规和规范等，结合本项目的实际情况，通过详细的分析论证后确定。

地块指标控制表

地块编号	用地性质	用地面积 (m²)	建筑面积 (m²)	容积率	建筑密度 (%)	绿地率 (%)	机动车位 (个)	建筑限高 (m)	配套设施
DJ-V-A-01	A1	16912.1	20294.52	1.2	30	30	81	24	停车场
DJ-V-A-02	A5	37046.9	44456.28	1.2	25	40	133	24	垃圾收集点、停车场
DJ-V-A-03	G2	2620.3				90			
DJ-V-A-04	G2	2535.7				90			

图 3-3-20　地块控制指标表

4

修建性详细规划计算机辅助设计

本单元将具体介绍如何利用计算机辅助进行居住区规划设计，以及如何运用计算机辅助绘图进行方案成果的分析与表现。

本单元重点

◆ 修建性详细规划的成果要求

◆ 修建性详细规划总平面计算机辅助设计

◆ 居住小区规划设计技术经济指标

4.1 修建性详细规划计算机辅助设计概述

4.1.1 修建性详细规划的编制内容

根据住房和城乡建设部《城市规划编制办法》，修建性详细规划应当包括下列内容：

(1) 建设条件分析及综合技术经济论证；

(2) 建筑、道路和绿地等的空间布局和景观规划设计，布置总平面图；

(3) 对住宅、医院、学校和托幼等建筑进行日照分析；

(4) 根据交通影响分析，提出交通组织方案和设计；

(5) 市政工程管线规划设计和管线综合；

(6) 竖向规划设计；

(7) 估算工程量、拆迁量和总造价，分析投资效益。

4.1.2 修建性详细规划的成果要求

修建性详细规划的成果一般为文件和图纸。

(1) 修建性详细规划文件为规划设计说明书；

①现状条件分析；②规划原则和总体构思；③用地布局；④空间组织和景观特色要求；⑤道路和绿地系统规划；⑥各项专业工程规划及管网综合；⑦竖向规划；⑧主要技术经济指标，一般应包括：总用地面积，总建筑面积，住宅建筑总面积，平均层数，容积率，建筑密度，住宅建筑容积率，建筑密度，绿地率等；⑨工程量及投资估算。

(2) 修建性详细规划图包括：规划地区现状图、规划总平面图、各项专业规划图、竖向规划图、反映规划设计意图的透视图。图纸比例为 1 : 500 ~ 1 : 2000。

①规划地段位置图。标明规划地段在城市的位置以及和周围地区的关系；

②规划地段现状图。图纸比例为 1 : 500 ~ 1 : 2000，标明自然地形地貌、道路、绿化、工程管线及各类用地和建筑的范围、性质、层数、质量等；

③规划总平面图。比例尺同上，图上应标明规划建筑、绿地、道路、广场、停车场、河湖水面的位置和范围；

④道路交通规划图。比例尺同上，图上应标明道路的红线位置、横断面，道路交叉点坐标、标高、停车场用地界线；

⑤竖向规划图。比例尺同上，图上标明道路交叉点、变坡点控制高程，室外地坪规划标高；

⑥单项或综合工程管网规划图。比例尺同上，图上应标明各类市政公用设施管线的平面位置、管径、主要控制点标高，以及有关设施和构筑物位置；

⑦表达规划设计意图的模型或鸟瞰图。

4.2 修建性详细规划总平面计算机辅助设计

如果已经有了设计构思草图,可以用它作为居住小区总平面计算机辅助设计的基础,用 CAD 绘制总平面图。用 CAD 绘制的总平面图内容包括:住宅建筑和公共建筑的屋顶平面、建筑层数、建筑使用性质、地块红线、主要道路的中心线、车行道线、人行道线、停车位(地下车库及建筑底层架空部分应用虚线表示出其范围)、室外广场、铺地的基本形式等。绿化部分应区别乔木、灌木、草地和花卉等。步骤如下:

(1) 设置图层,便于规划方案的效果处理。

(2) 先确定居住小区主要道路结构。

(3) 再根据构思设想的小区结构进行住宅建筑单体、公共建筑的设计与布置,同时与道路的布置进行互动性的协调与调整。

(4) 最后进行环境景观的深入设计。

这个过程是一个不断修正与完善的动态过程。以下将分类介绍居住小区各级别道路、住宅建筑单体、公共建筑的设计、绘制与布置。

4.2.1 绘图环境的设置

居住小区规划平面图的设计中,图层的设置是一个关键的技术要点。图层设置不合理或者图层设置混乱,会导致多余工作量。图层设置清晰,颜色选择得当,可以产生更好的视觉效果,减缓长时间操作的视觉疲劳。

在图层设置时,不同平面元素应分别放在不同的图层上,分层明确清晰,例如:道路红线层、道路中心线层、道路侧石线层、公建层、住宅单体层、水域层、树木层、铺地层、标注层等,便于以后平面效果图的制作。

为便于数据管理、突出图层的性质与效果,建议重要图层命名与设置方式如下表。

修建性详细规划图层设置建议　　　　　　　　表4-2-1

层名	建议选用颜色	建议线型	对应的设计对象
1RL-road	white	Bylayer	道路红线
1CL-road	red	IS004W100	道路中心线
1MS-road	white	Bylayer	道路缘石线
1water area	blue	Bylayer	水面
1greenification	green	Bylayer	绿化
1ground/hardpan	brown	Bylayer	硬质地面
1tree	green	Bylayer	树木
1residential building	yellow	Bylayer	住宅建筑
1public facilities	red	Bylayer	公共建筑
1txt	white	Bylayer	文字标注

来源:庞磊等《城市规划中的计算机辅助设计》

4.2.2 居住小区道路设计

居住小区的道路系统一般包括三个等级：小区级道路，组团级道路和宅间路。小区级道路红线内一般有人行道，两侧规则种植行道树，道路红线宽度根据居住小区实际情况进行相应设计，一般为 10 ～ 14m，其中车行道宽度一般为 5 ～ 8m；组团级道路两侧可根据实际需要设计人行道，其道路宽度一般控制在 8 ～ 10m 左右，其中车行道要求为 5 ～ 7m；宅前宅后路作为入户路，其路幅宽度不宜小于 2.5m，连接高层住宅时其宽度不宜小于 3.5m。

下面具体介绍不同级别道路的设计与绘制。

(1) 小区级道路的绘制

设计构思草图阶段，如果采用的是参考已有小区类型的结构模式确定小区路网与结构，那么小区路网则可以利用已有的经验数据直接进行 CAD 图的绘制，具体操作步骤如下（道路的绘制已在 2.4.5 道路交通规划中讲述，在此就不截图累述）。

※ 绘制方法一：利用 AutoCAD 软件

1) 居住小区外围城市道路或居住区级道路侧石线、红线的绘制

①用【多段线】命令（PL），绘制道路中心线；

②输入【偏移】命令（O），输入车行道宽度的 1/2 作为偏移距离，选择道路中心线作为偏移对象，往道路中心线两侧偏移，绘制车行道（路缘石）；

③继续使用【偏移】命令（O），输入道路红线宽度的 1/2 作为偏移对象，选择道路中心线作为偏移对象，往道路中心线两侧偏移，绘制道路红线；

④使用【图层】命令（LA），将侧石线和道路红线改设为实线的相应层；这样便得到了小区基地周边道路的道路中心线，道路红线和侧石线。

※ 注意事项

◆ 按照规范要求，道路中心线的线型应该为点划线，道路其他线条应该为实线。

◆ 有绿化分隔带的道路，同样可以用偏移命令绘制绿化分隔带。

2) 相交道路的倒角操作

①使用【分解】命令 (X)，选取道路红线和侧石线作为分解对象，将其炸开；

②使用【转角】命令 (F)，输入 r，输入倒角半径 R 值，选取需要倒角的道路线进行倒角；这样，我们便完成了小区基地外围道路的道路中心线、道路红线、侧石线的完整绘制，得到一张完整的基地图。

※ 注意事项

◆ 通过分解命令将需要进行倒角操作的道路线炸开，便于倒角，但是，连续的道路中心线必须保证为多义线，不能炸开，否则，需要通过输入【多段线编辑】命令 (PE)，选择需要连接的多义线，输入选项"j"，将各相接的道

路中心线转换为一条多义线。

◆ 道路交叉口转弯圆弧线必须保证与道路直线是相切的关系，这一点通过倒角自然可以满足。但是，如果采用 PL 命令中的"a"选项绘制道路交叉口，就很容易出现转弯圆弧线与直线不相切的情况，这是不允许出现的。

◆ 交叉口处道路红线的倒角可以为斜角也可以是圆角，为保证交叉口"视距三角形"，建议采用斜角形式。

◆ 道路侧石线和道路红线的倒角起始点一般应该相互对应。

◆ 倒角半径的选择，要根据道路设计。在规划设计阶段，经验值一般为该车行道宽度的 3/4—1。两条不同级别、不同宽度的道路相交，则采用较窄的那条道路宽度作为参考值。道路越宽，所取半径比例可以越小，反之越大。

※ 绘制方法二：利用湘源控规软件

3）利用湘源控规绘制道路的时候比较方便，不需要炸开或剪切就可以直接进行道路的倒角操作。

①利用【多段线】命令（PL）绘制道路中心线；

②启动湘源控规【道路】标题栏，选择"单线转路"，选择中心线，根据要求输入道路参数；

③启动湘源控规【道路】标题栏，选择"单交叉口"，点击道路中心线交叉点，则会自动生成具有倒角的道路交叉口;如自定义处理交叉口，则执行"交叉处理"命令。

4）如果是通过草图构思形成特有的小区模式与结构，那么可以按照如下操作进行。

①将设计草图扫描保存成图片格式（jpg 格式），通过"插入光栅图像"将草图图片插入 AutoCAD 作为参考底图；

②在底图的底图基础上进行道路中心线的描绘,通过【偏移】命令（O）绘制各条小区级道路的侧石线和红线等。

5）行道树的添加

如果建筑和道路的位置都已确定，则可以对两条相交道路进行倒角，并在人行道上布置行道树。一般来说，行道树中心点距离人行道靠车行道边缘一侧 1.0 ～ 1.5m；行道树中心点间距一般为行道树的直径，一般为 6 ～ 8m；交叉口视距三角形范围之内不宜布置行道树，可布置低矮灌木。

图 4-2-1 插入光栅图像参照

※ 绘制方法一：利用 CAD 软件。行道树添加具体操作如下：

①利用【偏移】命令（O）将道路侧石线向内偏移 1.5m，得到一条种植行道树的辅助线，见图 4-2-2。

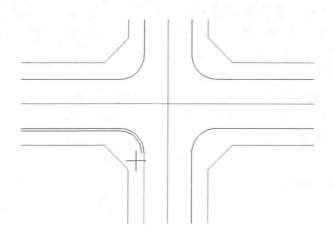

图 4-2-2　行道树辅助线的绘制

②在辅助线的一端种植一棵行道树（以半径 1.5m 为例），见图 4-2-3。

图 4-2-3　单株行道树的绘制

③以所种行道树为对象，通过【阵列】命令（AR）沿着辅助线种植一排行道树，保证每一棵树的中心都在辅助线上，见图 4-2-4。

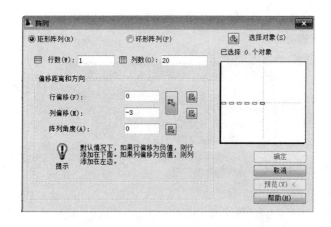

图 4-2-4　行道树阵列的设置

④删除交叉口视距三角形以内的行道树，并根据实际情况删除不能种树的相关路段处（如出入口）的行道树以及行道树辅助线，见图 4-2-5。

图 4-2-5　行道树阵列的设置

※ 绘制方法二：利用湘源控规软件

①启动湘源控规【绿化】标题栏，选择"行道树"，见图4-2-6。

②选择"圆圈 (C)"选项，默认"树中心至边界线的距离"为"0.00"，"相邻两棵树中心之间的距离"为"3.00"，选择路缘石线即可生成，见图4-2-7。

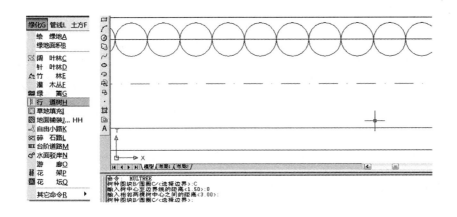

图4-2-6 湘源控规行道树（左）

图4-2-7 湘源控规行道树的绘制（右）

③删除交叉口视距三角形以内以及不能种树的相关路段处的行道树。

（2）组团级道路的绘制

组团级道路主要联系居住小区范围内各个住宅群落，同时也伸入住宅院落中。其具体绘制方法与小区级道路绘制方法一致。

（3）宅间路的绘制

宅间路起着连接住宅单元与单元、连接住宅单元与居住组团级道路或其他等级道路的作用。因此，宅间路的绘制要结合建筑单体的布置进行，即宅间路的绘制应该在建筑单体布置好之后进行，此处仅供分类参考。

宅间路可采用一般道路形式，其具体绘制方法同其他道路，只是偏移距离和倒角半径应该相应减小，并与单元出入口相接。

1）住宅独立出入口的宅间路绘制

①使用【多段线】命令 (PL) 以住宅建筑北侧出入口的连接线绘制为基准线；使用【偏移】命令 (O) 偏移 2.5m、4.0m（分别保障住宅私密、消防车出入），见图4-2-8。

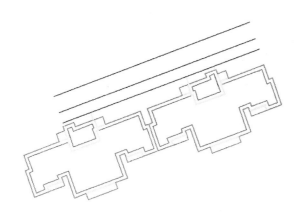

图4-2-8 宅间路宽度的偏移

②使用【多段线】命令（PL）封路、绘制出入口，见图 4-2-9。

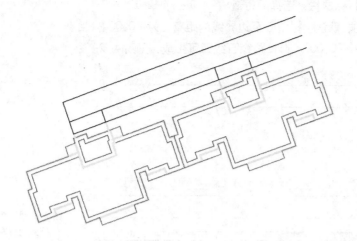

图 4-2-9　单元出入
　　　口的绘制

③使用【修剪】命令 (TR) 对出入口进行处理，并删除基准线，见图 4-2-10。

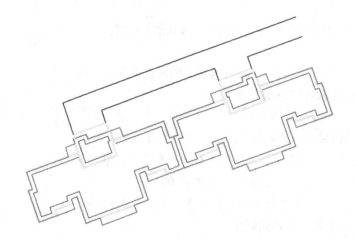

图 4-2-10　单元出入
　　　口修剪处理

④使用【圆角】命令（F），并选择合适的半径（R）对拐角进行处理，见
图 4-2-11。

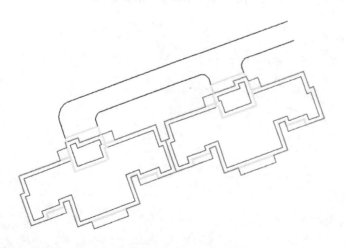

图 4-2-11　单元出入
　　　口圆角处理

2）住宅围合院落的宅间路绘制

①使用【多段线】命令（PL）以前后两栋住宅出入口连接线、山墙连接线，作为院落边界线，见图4-2-12。

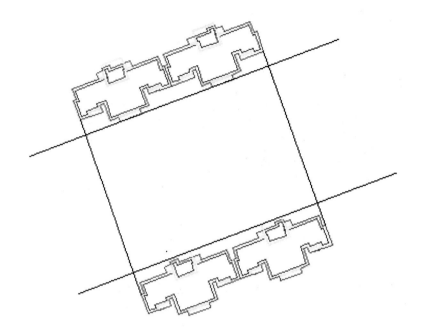

图4-2-12　围合院落的边界绘制

②使用【偏移】命令（O）对边界进行偏移，其中，出入口连接线分别偏移2.5m、6.0m，山墙连接线分别偏移6.0m，见图4-2-13。

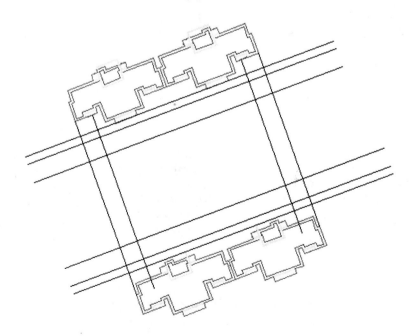

图4-2-13　围合院落的宅间路的偏移

③使用【修剪】命令（TR）对出入口进行处理，并删除多余的线，见图4-2-14。

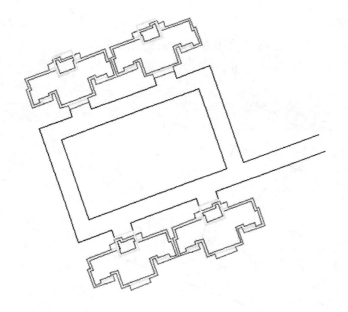

图 4-2-14　围合院落
的宅间路的修剪处理

④使用【圆角】命令（F），并选择合适的半径（R）对拐角进行处理，见图 4-2-15。

⑤宅间路也可以采用湘源控规中的"宅前小路"来绘制完成，其绘制方法较简单，就不做累述，见图 4-2-16。

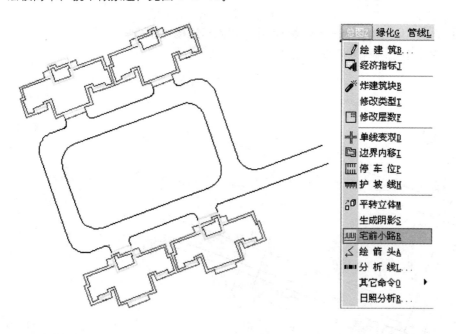

图 4-2-15　围合院落
的宅间路的圆角处
理（左）

图 4-2-16　围合院落
的宅间路的圆角处
理（右）

（4）道路断面的设计

在分析并提出居住区内部居民的交通出行方式，布局道路交通系统，确定道路转弯半径的同时，还应该综合考虑道路景观效果，设计相应的道路断面，确定停车的类型、规模和布局方式。道路断面的绘制参见本书 2.4.5 道路交通规划。

4.2.3 建筑布置

(1) 住宅建筑单体布置

在确定住宅建筑单体的布置之前，应该先选择或设计适宜的住宅类型，提出相应的住宅院落结构模式；然后可以结合道路系统的规划设计进行建筑单体的布置。建筑的布置应该满足各项设计规范要求，若不满足，则应该根据需要对建筑布局或者原有道路位置进行调整，在对建筑单体之间的日照间距，退界距离等指标进行校核。建筑单体布置，应着重考虑其日照间距，退后道路边缘线或道路红线距离，与小区公建之间的距离即公建的服务半径等要素。

在规划平面图中，住宅建筑需标明建筑轮廓、屋顶形式以及建筑层数，其绘制过程如下。

①使用【多段线】命令（PL）绘制建筑轮廓（以便于生成阴影和面积统计），见图4-2-17；

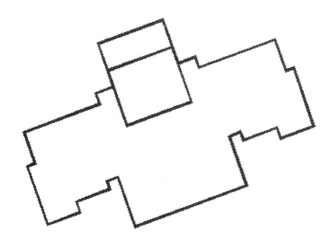

图4-2-17　建筑轮廓线的绘制

②使用【多段线】命令（PL）绘制建筑屋顶；若是坡屋顶为凸显建筑的阴影效果，一般可使用填充命令填充屋顶，屋脊线前后填充比例为2：1；若是平屋顶，则偏移生成女儿墙，见图4-2-18。

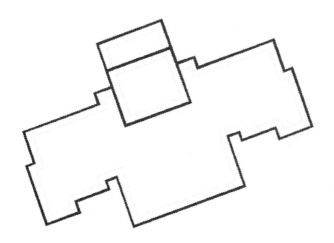

图4-2-18　建筑屋顶的绘制

③使用【文字】命令（T）标记建筑层数，一般层数标注位置与形式要保持一致，可位于建筑平面左下角或右上角，标注形式可以采用数字表示，如：6F 表示 6 层，见图 4-2-19。

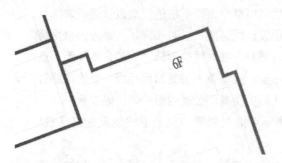

图 4-2-19　建筑层数
的标记

（2）在住宅建筑布置时，为便于图纸的修改以及后期的三位建模工作，可将相同类型单元定义为不同的块（快捷键 B）的形式，建筑轮廓线可不在定义块内。块的创建已在前面讲述，在此不做累述，其创建过程如下：

1）点击＜绘图＞/＜块＞/＜创建＞或在命令行输入【块】命令（B），创建块；

2）输入块名（自定义块名）；

3）拾取对象，选择要定义为块的建筑单体；

4）拾取基点，确定插入块的参照点，注意块的插入基点的设置应该尽量选用块上易于捕捉的交点或者端点；

5）使用【插入块】命令（I）将建筑图块插至其位置即可。

另外，为了便于平面图的后期处理，可利用湘源控规对建筑轮廓线执行［总图］-［生成阴影］操作，则可按定义生成建筑阴影，见图 4-2-20。

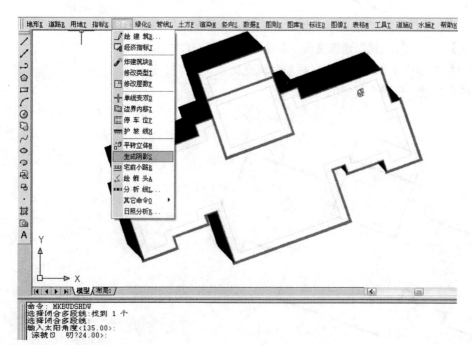

图 4-2-20　建筑阴影
的定义生成

当然，住宅建筑的绘制我们也可直接使用湘源控规【总图】-【绘建筑】完成建筑的属性定义，然后使用【描边】命令绘制建筑轮廓线，则会自动生成建筑阴影、标记层数，见图4-2-21。

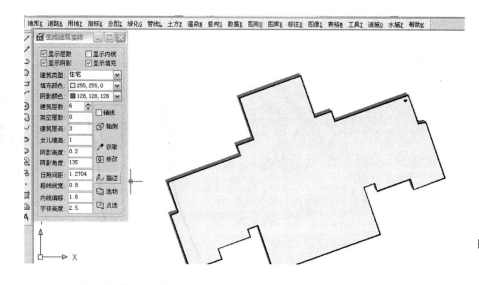

图4-2-21 住宅建筑的智能绘制

(3) 公共建筑的设计与配置

规划设计应该综合考虑公共建筑的内容、规模和布置方式，在图纸上表达其总平面组合的体形关系和室外空间场地的设计方案，其相对住宅建筑比较自由。公共建筑的设计与布置，着重考虑公建的服务半径是否满足规范要求，是否适合人的活动尺度。

其绘制方法与住宅建筑绘制方法类似。在绘制过程中，要注意同一行（列）公共建筑的进深必须保持模数的一致性，建筑面宽应符合规范要求。

4.2.4 小区景观环境的设计

居住小区环境平面表现一般是在已有规划设计图（包括建筑和道路定位）的基础上继续进行，环境规划设计涉及的图形要素主要包括植物、水体、山石、铺地、等高线等。

(1) 图形文件的组织管理

1) 利用图层管理器对图形的显示进行调整，将放置与环境设计无关的图形内容的规划图层冻结掉，使图形只显示道路、建筑等基本要素。

2) 添加一系列新的工作图层并进行图层特性设置，以放置相应的环境图形要素便于进行管理。一般可添加"1green（绿化）、1water（水体）、1ground（场地）、1hatch（铺地）、1others（其他）"等工作图层。

(2) 景观设计

1) 景观水体设计与绘制

①将"水体"图层置为当前层，执行【多段线】命令（PL），沿绘制设计

水体两岸岸线，见图4-2-22。

②执行【偏移】命令（O），将两条岸线分别向内平行复制一定的距离，见图4-2-23。

③继续用【多段线修改】命令（PE），使用"W"命令将外面岸线设定合适的宽度，见图4-2-24。

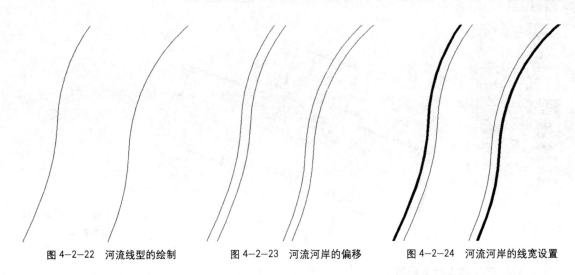

图4-2-22 河流线型的绘制　　　　图4-2-23 河流河岸的偏移　　　　图4-2-24 河流河岸的线宽设置

④打开所有非当前层进行检查，用【修剪】命令（TR）将所绘制的岸线与规划设计图形相交的部分修剪掉。

2）种植设计与绘制

在城市规划环境平面设计中，种植设计一般及行道树的绘制及具体绿地地块的植物配置。行道树的绘制，可参照本教材4.2.4；具体绿地地块的植物绘制方法如下：

①将"绿化"图层置为当前层。

②执行【圆】命令（C）和【直线】命令（L）绘制单棵树，并执行树块命令（快捷键B），见图4-2-25。

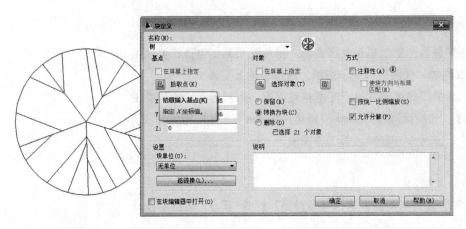

图4-2-25 树图块的绘制与定义

③在图中适当位置插入树块（I），并执行【复制】命令（CO），利用多重复制功能分别选中所插入的树块在合适的位置进行选点复制，见图4-2-26。

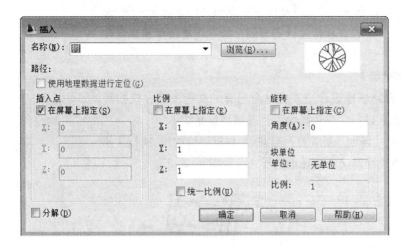

图4-2-26 树图块的插入

④用【缩放】命令（SC）调整它们的比例，对植物进行搭配，见图4-2-27。

图4-2-27 树大小的搭配

⑤可使用【绘图】→【修订云线】（V）绘制灌木，从而形成树、灌木协调搭配的效果，见图4-2-28。

图4-2-28 植物的搭配

※ 注意

◆ 图形中所有的树必须以块的形式存在，以便于后期对某种树的表现形式不能满意时，可以通过重定义块或块替换来方便地修改图形。

◆ 由于图形中所有的树都是块，因此种植完成后图形文件量会大大增加。为加快之后的设计作图工作，建议在种植设计完成后，如不再需要参照绿化进行设计，可以及时将"绿化"图层冻结掉。

3）户外场地设计及铺地绘制

在环境平面设计中，户外场地设计应紧密结合已有的交通流线，根据对规划区域内游憩组织的考虑来进行。户外场地设计及铺地绘制如下：

①冻结"绿化"图层，将"场地"图层置为当前层，根据设计构想，执行【多段线】命令（PL）利用多段线绘制闭合的场地边界线，见图4-2-29。

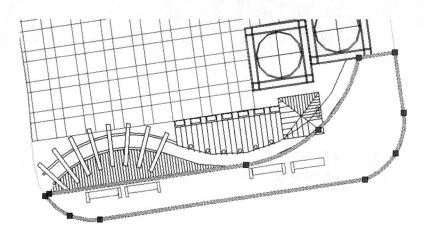

图4-2-29　场地边界线的绘制

②将"铺地"图层置为当前层，执行【填充】命令（H），在"图形填充和渐变色"对话框中，选择设置"NET"预定义图案及合适的填充比例和角度，利用"选择对象"功能选择填充边界，预览后按"确定"进行铺地绘制，见图4-2-30。

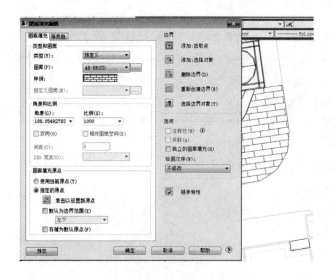

图4-2-30　铺地的填充

当然，我们也可以绘制比较自由的场地图案。

③使用【圆】命令（C）绘制圆图案，并执行【偏移】命令（O），效果见图 4-2-31。

④使用【多段线】命令（PL）绘制直线图案，并执行【偏移】命令（O），效果见图 4-2-32。

⑤使用【修剪】命令（TR）修剪场地，最终效果见图 4-2-33。

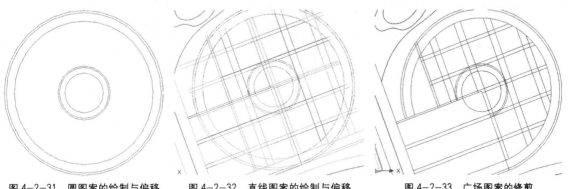

图 4-2-31　圆图案的绘制与偏移　　　图 4-2-32　直线图案的绘制与偏移　　　图 4-2-33　广场图案的修剪

※ 注意

◆由于环境平面设计重在烘托表现规划方案，因此铺地的尺度不必达到现实的施工尺度，只要进行粗略划分即可。

4.3　居住区平面效果处理

平面效果图是在 CAD 平面图的基础上进行色彩渲染得到的，常用的方法是将 CAD 平面图导入 Photoshop 软件进行渲染操作。

4.3.1　分图层导入

我们利用虚拟打印机来完成分图层的传导。下面以 EPS 格式的导入为例，讲述其操作过程。

（1）在 AutoCAD 中打开居住小区 CAD 平面图，并对图层进行整理。

在整理图层过程中，尽量保证同一图层内的元素保持闭合状态，同一类元素在一个图层上。这就要求我们在绘图过程中，先设定好图层，然后在该图层绘制信息。

（2）添加虚拟绘图仪，具体操作过程及截图见本教材 2.2。

①打开【文件】／【绘图仪管理器】；

②点击＂添加绘图仪向导＂快捷方式打开向导，点击＂下一步＂／……；

③在生产商一栏中选择＂Adobe＂，在型号一栏中选择＂Postscript Level＂；

④点击＂下一步＂／＂下一步＂，便完成虚拟绘图仪的添加设置；

⑤打开平面图文件,选择【文件】/【打印】,打印机名称选择前面定义的打印机;

⑥通过窗口选择需要打印的区域,并确定;

⑦用同样的方法转换其他图层,注意直接点击"上一次打印"即可。

(3)分图层转换成 EPS

1)在 CAD 平面图中,道路与图框图层打开,将其他图层关闭,见图 4-3-1。

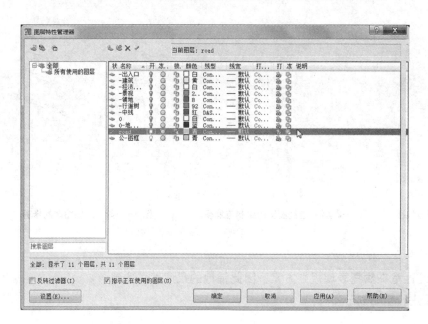

图 4-3-1 导入图层的开闭设置

2)确定后,仅显示道路与图框图层;仔细审查并保证道路的闭合,以提高 PS 渲染的速度,见图 4-3-2。

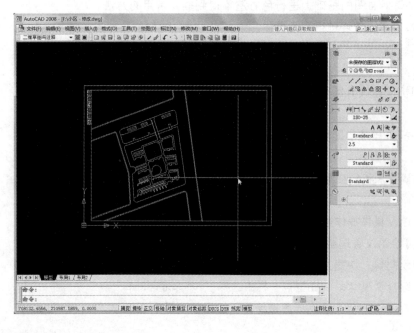

图 4-3-2 导入图层的审查与闭合

3）运行【打印】命令（Ctrl+P），选择定义的打印机"000"，并勾选"打印到文件"，见图4-3-3。

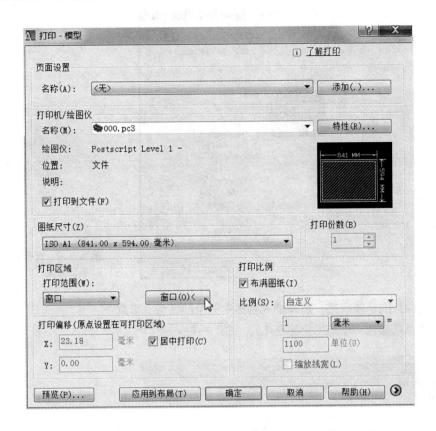

图4-3-3 【打印】对话框的设置

4）选择【打印范围】中的窗口，并使用窗口选择图框的边界，将其作为导图的范围，见图4-3-4。

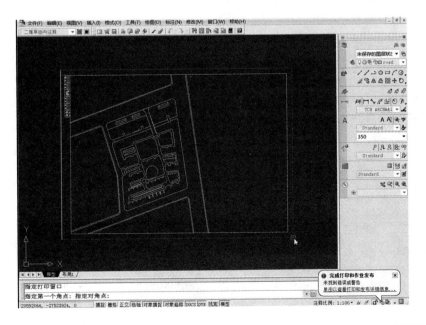

图4-3-4 使用窗口创建打印范围

5）选择【打印样式表】中 "acad.ctb"，并进行编辑，见图4-3-5。

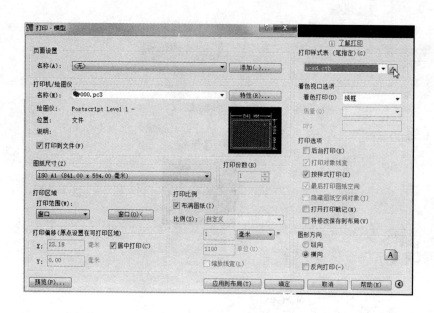

图 4-3-5　打印样式
表的选择

6）进入【打印样式表】的编辑状态，选择格式视图中的全部颜色（可点选颜色 1，按住 Shift，再点选颜色 255 即可全部选中），见图 4-3-6。

图 4-3-6　打印样式
颜色的选择

7) 将特性中颜色〝使用对象颜色〞改为黑色，并根据视图修改线宽，见图 4-3-7。

图 4-3-7　特性颜色与线宽的修改

8) 特性设置完保存并关闭，确定，选择合适路径保存，见图 4-3-8。

图 4-3-8　道路虚拟打印文件的保存

9) 按照道路图层导入的方法导入建筑图层，将建筑图层与图框图层打开，其他图层关闭，见图 4-3-9。

图 4-3-9 导入图层
的开闭设置

10）执行打印（Ctrl+P），直接选择【页面设置】名称中的"上一次打印"，
确定即可完成虚拟建筑打印文件保存，见图 4-3-10、图 4-3-11。

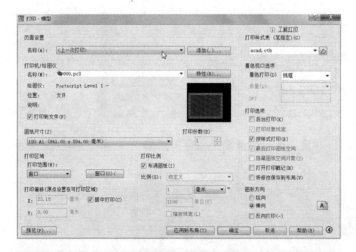

图 4-3-10 "上一次
打印"的选择

图 4-3-11 建筑虚拟
打印文件的保存

11）利用以上操作，完成其他图层的导入（一般可按照建筑、道路、河流、地形、绿化、铺地、指标等图层导入），见图 4-3-12。

图 4-3-12　其他虚拟打印文件的保存

4.3.2　分图层渲染

一般步骤

①运行 Photoshop 软件，打开（Ctrl+O）所导文件；

②选择 RGB 模式，分辨率为 300（如电脑配置较低，可适当降低）；

③新建"图层背景"；

④用【魔棒】命令（W）选择需要进行色彩渲染的区域，利用【吸管】命令（I）选择所需的填充色彩，按下 Alt+Delete 即可完成对该层的色彩填充；

⑤打开其他图层文件；

⑥按住 Shift 将其拖入上一个图片文件中，使各图层位置不变；

⑦通过魔棒选区，将需要渲染以外的部分删除；

⑧对需要渲染的部分进行色彩填充，操作同上；

⑨利用渐变、阴影以及添加细节元素等等，对平面图进行进一步美化与加工。

我们利用 PS 软件来对各图层进行渲染与效果处理的具体步骤。

（1）在 Photoshop 中打开 EPS 各图层文件，并对图层进行整理。

1）运行 Photoshop 软件，打开 EPS 各图层文件，见图 4-3-13。

图 4-3-13　EPS 文件的打开

2)打开后,弹出【栅格化通用 EPS 格式】对话框,修改"分辨率",并选用"RGB 颜色"模式,见图 4-3-14。

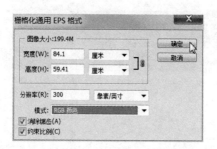

图 4-3-14 【栅 格 化 通 用 EPS 格式】对 话框设置

(2)打开 EPS 文件后,显示为线模式;执行"图层"→"新建"→"图层背景", 见图 4-3-15。

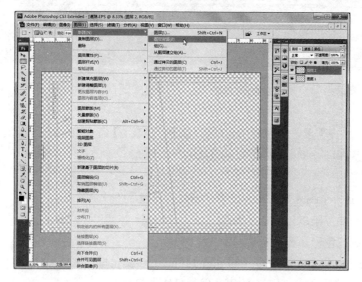

图 4-3-15 新建图层 背景

(3) 将其他文件移动至该文件中,并移动其上下位置。

1) 使用【移动】工具 (V) 将其他文件移动至该文件中,也可使用【复制】 (Ctrl+C)、【粘贴】(Ctrl+V) 移动至该文件中,见图 4-3-16。

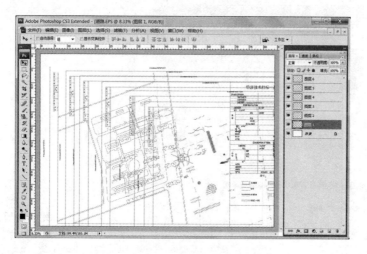

图 4-3-16 将其他图 层移动该文件中

2) 使用【移动】工具（V）移动，并配合小键盘 "↑"、"↓"、"←"、"→"
对其进行位置微调，图框重合即可，见图4-3-17。

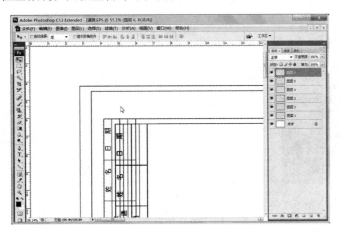

图4-3-17 移动，并
使各图层重合

（4）道路图层的渲染：使用魔棒工具选择创建选区，使用前景色填充渲染；
在做选区时，检查各图层是否闭合。

1）检查各图层内选区是否闭合，若不闭合，可使用画笔命令封闭，见图
4-3-18。

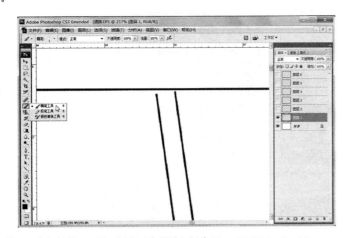

图4-3-18 使用画笔
工具闭合选区

2）使用【魔棒】工具（W）选择创建选区，见图4-3-19。

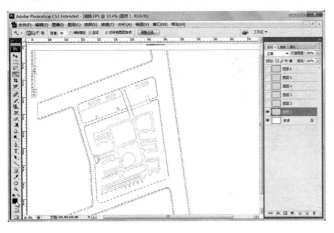

图4-3-19 使用魔棒
命令创建选区

3）双击前景色拾色器选择合适的颜色，也可使用【吸管】命令（I）选择颜色，见图4-3-20。

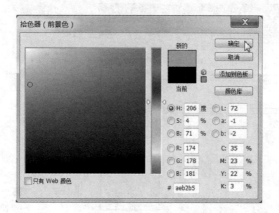

图4-3-20　前景色拾色器的设置

4）使用【前景色填充】（Alt+Delete），为选区赋予颜色，见图4-3-21。

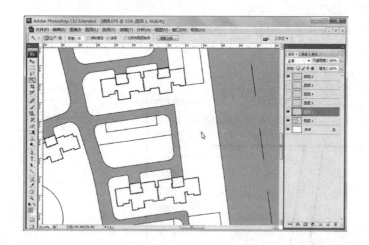

图4-3-21　前景色填充

5）点击图层，并右键点击图层属性，修改图层名称，见图4-3-22、图4-3-23。

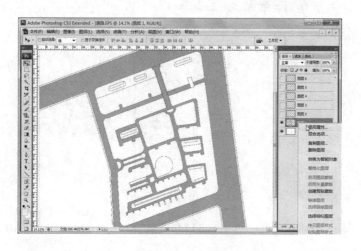

图4-3-22　图层属性的运行

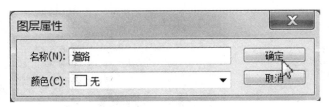

图 4-3-23　图层名称的修改

（5）其他图层的渲染：参照（3）的操作步骤，对其他图层渲染，见图
4-2-24 ~ 图 4-2-30。

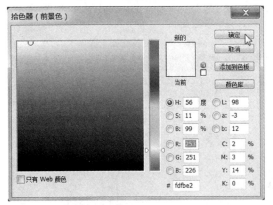

图 4-3-24　住宅建筑颜色的拾取

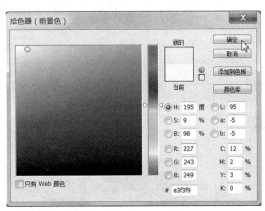

图 4-3-25　公共建筑颜色的拾取

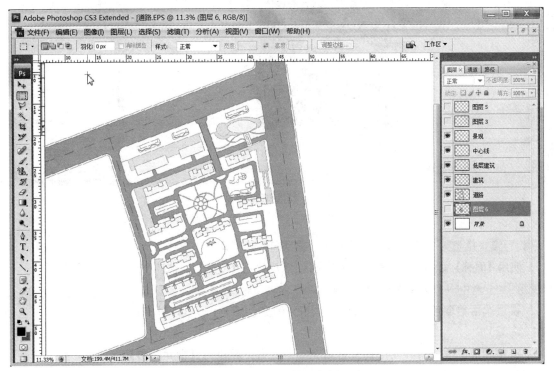

图 4-3-26　建筑颜色的填充

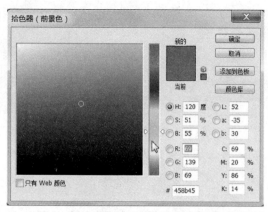

图 4-3-27 绿地颜色的拾取

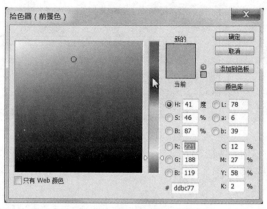

图 4-3-29 广场铺装颜色的拾取

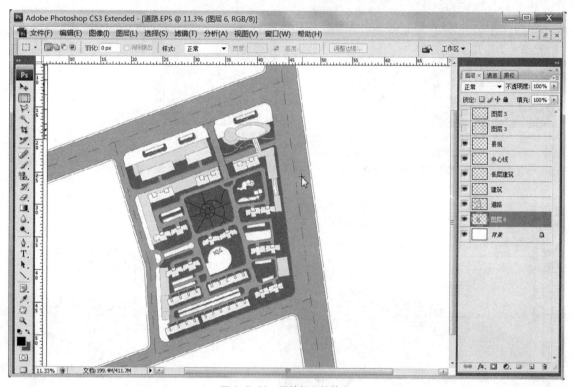

图 4-3-28 绿地颜色的填充

（6）行道树的渲染：步骤与前面类似，关键是选区的创建。

1）使用【魔棒】命令（W）在空白处做选区，然后执行【反选】（右键反选，也可使用 Ctrl+Shift+I），见图 4-3-31。

2）设置选区拾取色，新建图层，然后执行【前景色填充】（Alt+Delete），见图 4-3-32。

3）调整图层顺序，将线图层调整至填充颜色上方，并执行【合并图层】（Ctrl+E），见图 4-3-33。

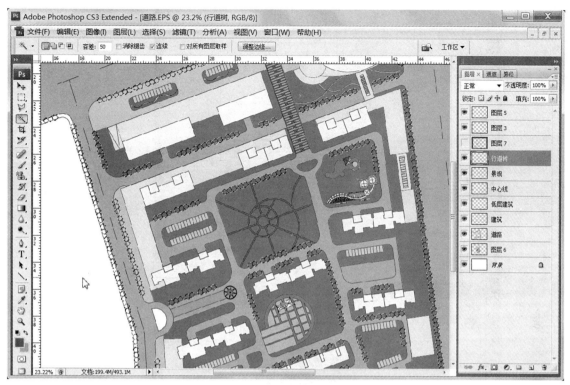

图 4-3-30　广场铺装颜色的填充

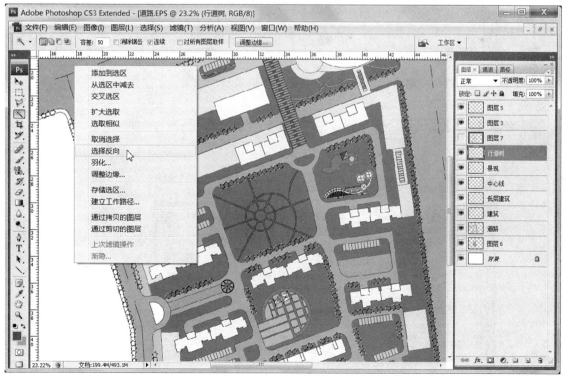

图 4-3-31　行道树选区的创建

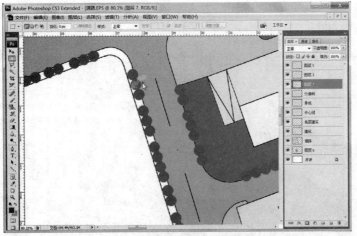

图 4-3-32 行道树选
区的创建

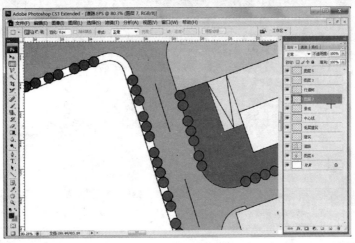

图 4-3-33 行道树选
区的创建

（7）细部的处理：步骤与前面类似，注意景观节点素材的收集，如树木、广场等。

1）使用【放大】命令（Ctrl+ +），填充广场景观，注意色彩的搭配与协调，见图 4-3-34。

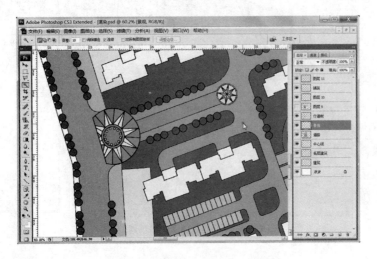

图 4-3-34 细部景观
的处理

2）配合规划设计意向，将景观小品移动至图内，并使用【自由变换】命令（Ctrl+T）缩放至合适的尺寸大小，见图4-3-35～图4-3-37。

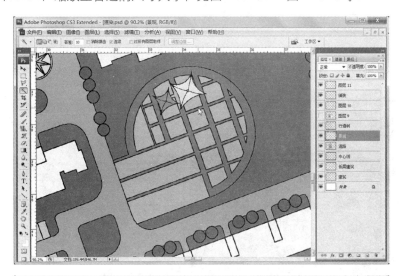

图4-3-35　景观小品的添加

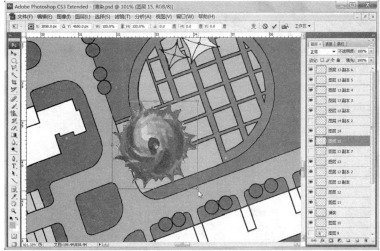

图4-3-36　景观树的添加

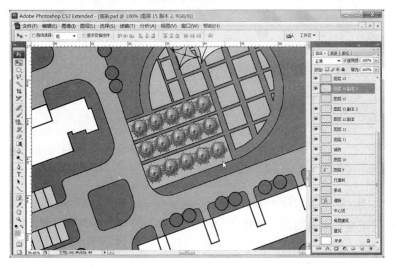

图4-3-37　景观树排列效果

(8) 效果的添加：一般为添加阴影、渐变、调整图层的不透明度等。

1) 选择图层点击右键，使用【混合选项】或者点取 *fx* 按钮，激活图层样式，见图 4-3-38。

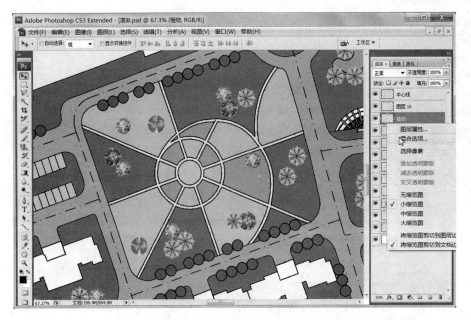

图 4-3-38　图层样式
的激活

2) 勾选【投影】，根据图面效果，设置不透明度、角度、距离、拓展、大小等参数，见图 4-3-39。

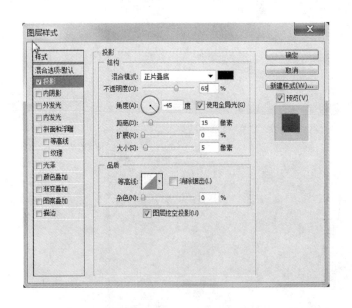

图 4-3-39　图层样式
的激活

3) 依此方法，为绿化等图层添加图层样式，见图 4-3-40。

4) 新建图层，并激活【渐变】工具（G），见图 4-3-41。

5) 按住左键拉出一条直线，为整个图面添加渐变效果，见图 4-3-42。

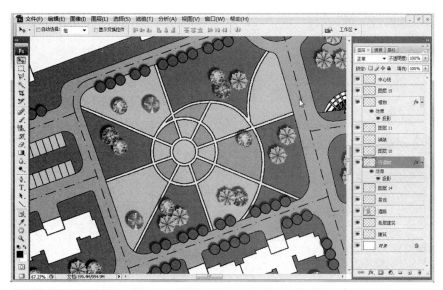

图 4-3-40 图层样式
的添加效果

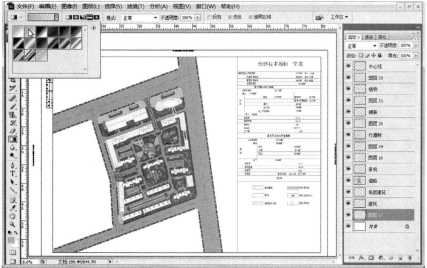

图 4-3-41 渐变工具
的设置

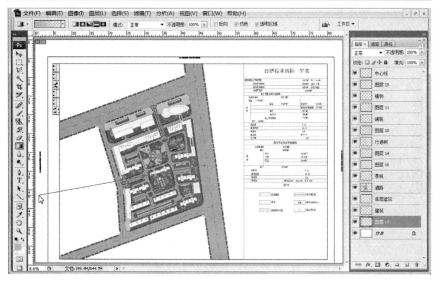

图 4-3-42 渐变范围
的选择

6）为增加效果，可多次执行渐变，见图 4-3-43。

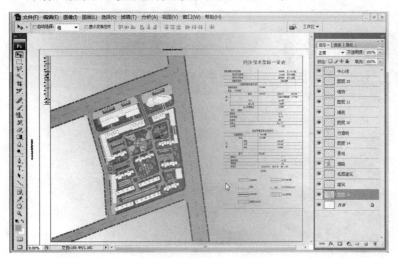

图 4-3-43 渐变效果
的添加

7）使用【选区】工具 (M) 选择合适的选区，然后执行【反选】(Ctrl+Shift+I)，将多余的部分【删除】(Delete)，见图 4-3-44 ～图 4-3-46。

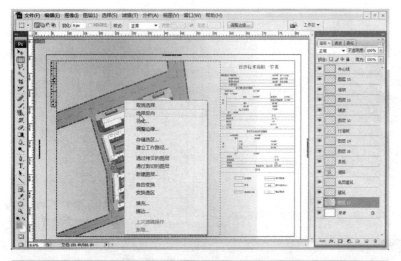

图 4-3-44 选区的创建

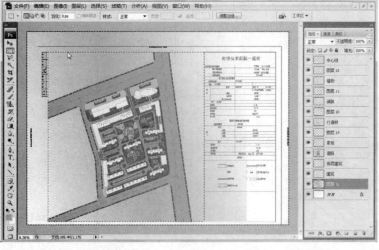

图 4-3-45 选区的反选

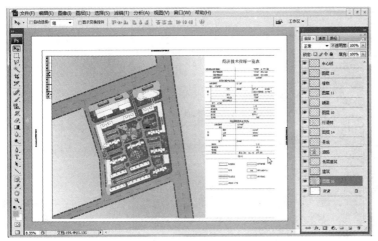

图 4-3-46　多余选区
的删除

（9）建筑阴影的制作：建筑阴影可直接为建筑图层添加图层样式阴影（方法参照前面），但是阴影不太逼真；一般可用湘源控规直接生成阴影图层，直接导入 PS 来实现或者在 PS 直接制作。下面重点讲述在 PS 中制作相对逼真的建筑阴影的步骤。

1）方法一：添加图层样式阴影

①选择住宅建筑图层，点击右键选择【混合选项】，见图 4-3-47。

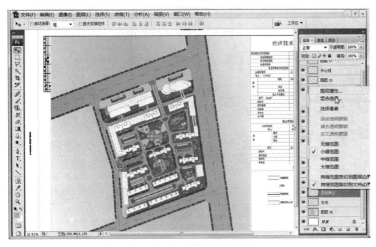

图 4-3-47　建筑图层
混合选项的添加

②勾选阴影，并设置参数，见图 4-3-48、图 4-3-49。

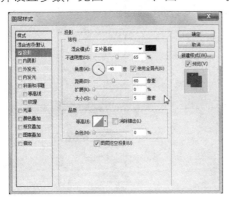

图 4-3-48　建筑图层
投影参数的设置

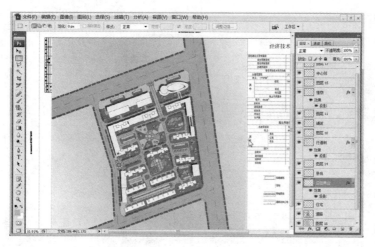

图 4-3-49　建筑投影
　　　　　效果

2）方法二：自行制作建筑阴影

①按住 Ctrl 键的同时，点击建筑图层，则建筑图层将会被全部选中，见图 4-3-50。

②【新建图层】(Ctrl+N)，并将前景色颜色改为黑色（I 或双击），在新建图层上【填充前景色】(Alt+Delete)，见图 4-3-51。

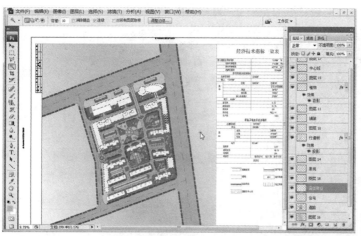

图 4-3-50　建筑图层
　　　　　内容的选择

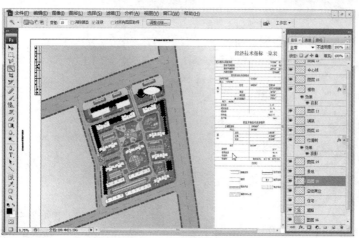

图 4-3-51　新建图层
　　　　　的填充

③使用移动工具的同时按住 Alt 键（为复制）不放，则反复按小键盘"↑"、"←"（与其他阴影的朝向一致），并将该图层放置建筑图层的下方，见图4-3-52。

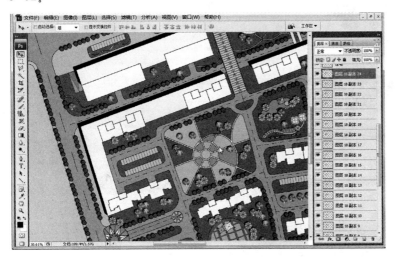

图4-3-52 建筑阴影的制作效果

④调整建筑阴影图层的不透明度，使其与其他阴影效果统一，见图4-3-53。

图4-3-53 建筑阴影不透明度的调整

3）方法三：利用湘源控规建筑阴影

①利用【多段线】命令（PL）绘制建筑轮廓，见图4-3-54。

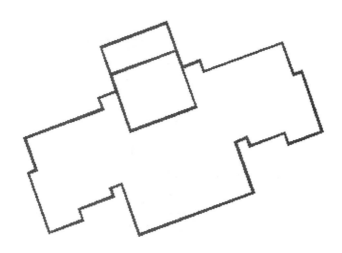

图4-3-54 建筑轮廓线的绘制

②执行【总图】→【阴影】，为该建筑轮廓添加阴影，设置参数，则会直接生成建筑阴影图层，见图4-3-55。

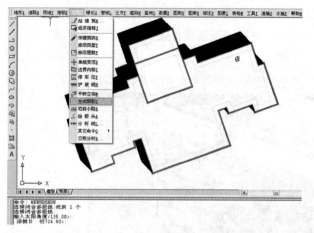

图 4-3-55 建筑阴影
的生成

③将建筑阴影图层导入 PS 中，将其放置建筑图层下方，并调整不透明度即可，见图 4-3-56。

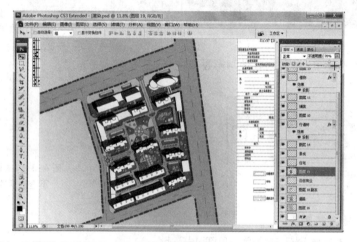

图 4-3-56 建筑阴影
效果的添加

（10）后期效果的添加：主要包括图名的添加、图例的添加、文字的添加以及比例尺添加等。

1）新建图例图层，利用【吸管】命令（I）选取匹配颜色；使用【魔棒】工具（W）选择图例，填充目标颜色，见图 4-3-57。

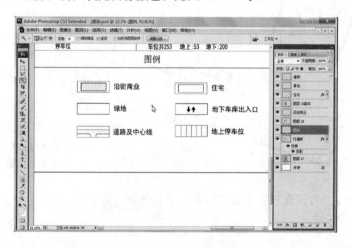

图 4-3-57 图例的添加

2）使用【文字】工具（T）添加标注，为建筑添加层数，如3F，见图4—3—58、图4—3—59。

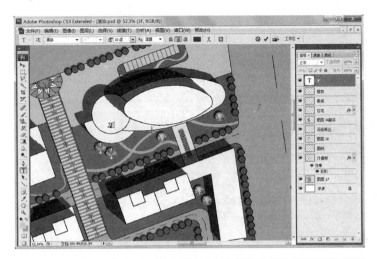

图 4—3—58 建筑层数的添加

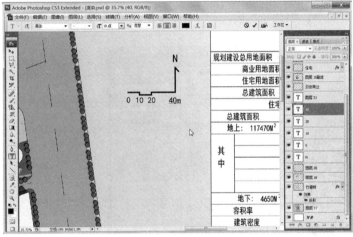

图 4—3—59 比例尺文字的添加

3）新建图层，使用【选区】工具（M）创建选区，并填充颜色，作为图名的底图；然后使用【文字】工具（T）添加图名"总平面图"，见图4—3—60。

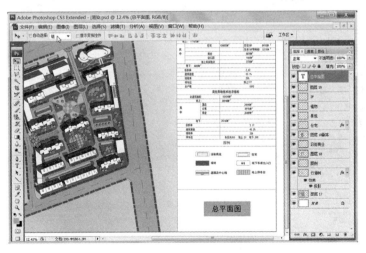

图 4—3—60 图名的添加

4) 使用【裁切】命令（C），将图框多余的部分裁切掉，见图 4-3-61。

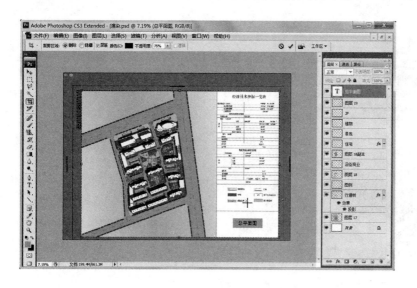

图 4-3-61　图框的裁切

5) 执行【图像】→【画布大小】，将画布扩展，见图 4-3-62、图 4-3-63。

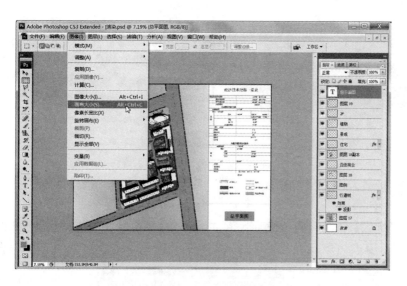

图 4-3-62　画布的拓展

图 4-3-63　画布大小
的定义

(11) 存储：注意规划成果一般存成 *.jpg 格式，成果过程一般存成 *.psd、*.tif 格式。

1）执行【文件】→【存储为】(Ctrl+Shift+I)，保存总平面图，见图4-3-64。

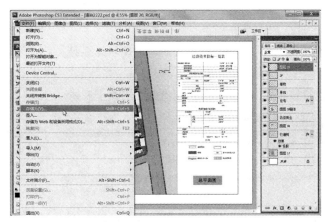

图4-3-64 图形的存储

2）选择合适路径，命名并选择"JPEG"格式，保存，见图4-3-65。

图4-3-65 保存路径与格式的选择

3）保存后，弹出【JPEG选项】对话框，将品质设置为"12、最佳"，确定；渲染的JPEG格式总平面图则保存至规定的路径，见图4-3-66。

图4-3-66 【JPEG选项】对话框设置

※ 注意

◆ 利用虚拟打印到图层时，一般保障图层内的内容是闭合的，便于渲染；

◆ 一般可按建筑、道路、绿化、水域、铺装、地形等图层分导；

◆ 有些 CAD 转换过来的图层如树、建筑，在 Photoshop 中可用魔棒先选择空白的区域，再反选（Ctrl+Shift+I），然后填充颜色，即可达到目的；

◆ 一般渐变效果用于水域的效果处理，建筑、树的投影一般使用外阴影、水域则用内阴影；

◆ 平面渲染要注意各图层的叠放顺序，道路、绿化、河流等图层置于底端，树、建筑等图层置于顶层，从而平面层次更真实清晰；

◆ 建筑阴影的制作技巧：首先复制建筑平面的层，变为阴影的黑色，然后使用移动工具的同时按住 Alt 键不放，同时重复按方向键"↑""→"，则会实现 45°方向的复制，得到一定厚度的阴影；另外建筑阴影在湘源控规中可直接生成（建筑轮廓须用 PL 绘制）；

◆ 在 Photoshop 操作过程中会自动形成大量的新图层，应随时注意整理、合并和命名。

4.4 居住小区规划设计分析与表达

分析图一般包括：功能结构分析、交通组织分析、景观系统分析等，用来反映、强化设计者的立意和构思，综合体现设计方案的优点与特色。分析图一般是在 CAD 的平面基础上加入分析元素，然后再通过 Photoshop 进行处理制作而成。

在规划分析图中涉及的分析元素，往往包括轴线、节点、面域等，下面重点讲解几种绘制方法。

4.4.1 AutoCAD 规划设计分析与表达

（1）轴线的绘制

1）在总平面中的轴线元素，例如景观轴线、景观节点、空间轴线、各级道路、景观渗透等，线条形式往往使用【多段线】命令（PL），具体步骤：

①新建一个分析图层，设置所选的颜色、线型，重点是线型的选择，见图 4-4-1。

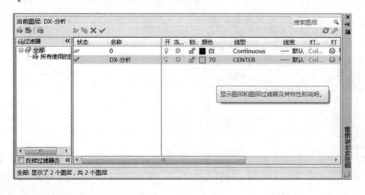

图 4-4-1 分析图层的建立

②使用【多段线】命令（PL）绘制轴线的走向，注意轴线的顺畅度（可适当执行"圆弧"选项，若需要，轴线两侧也可加箭头），见图4-4-2。

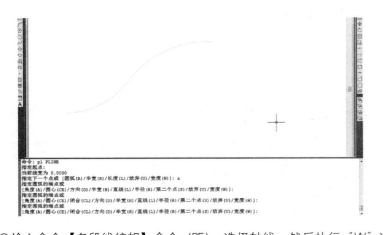

图4-4-2　分析轴线的绘制

③输入命令【多段线编辑】命令（PE），选择轴线，然后执行"W"选项，根据所需分析线条的宽度设置线宽值，见图4-4-3。

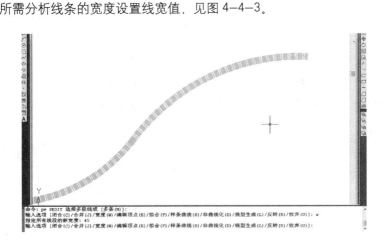

图4-4-3　分析轴线宽度修改

④利用【特性】命令（CH）根据需要对分析元素的线型和比例进行调整，见图4-4-4。

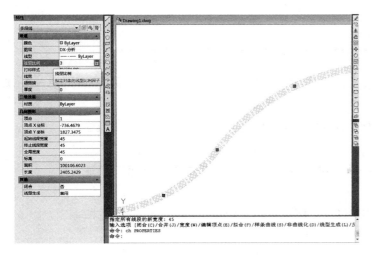

图4-4-4　分析轴线的线型比例调整

2）轴线的绘制也可以使用 MEASURE 命令绘制不同形态的分析线型，比如圆点虚线，操作如下：

①根据分析需要，使用【多段线】命令（PL）绘制一条线，作为 MEASURE 的路径。

②将所需绘制的分析线条的单个形状（圆）设置为块，定义块名"000"见图 4-4-5。

图 4-4-5　等分图案块的设置

③输入 ME（MEASURE 命令），选择所绘制的线作为定距等分对象，再输入"块（B）"选项，输入定义的块名"000"，回车，提示"是否对齐块和对象？ [是（Y）／否（N)]"，默认空格，输入长度，则会生成分析线，见图 4-4-6。

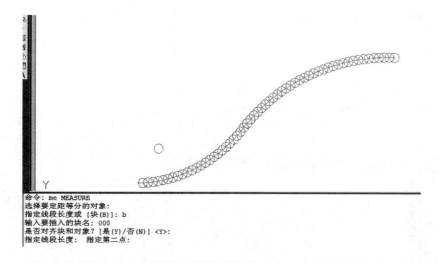

图 4-4-6　定距等分生成分析线

3）轴线的绘制也可以使用湘源控规直接生成不同形态的分析线型，操作如下：

①使用【多段线】命令（PL）绘制轴线的走向，注意轴线的顺畅度（可适当执行"圆弧"选项）；

②使用湘源控规的【总图】→【分析线】选择合适的"样例"，见图 4-4-7。

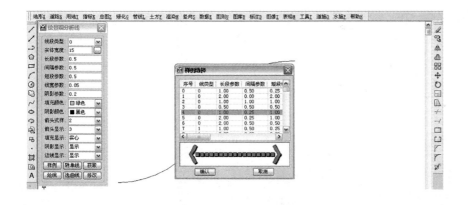

图 4-4-7 湘源控规
分析线型样例设定

③修改分析线相应参数，使用"选曲线"选择轴线，点右键即可生成轴线，见图 4-4-8。

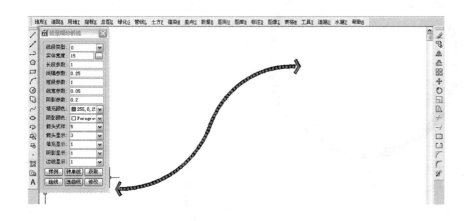

图 4-4-8 湘源控规
分析轴线的生成

(2) 节点的绘制

节点分析元素往往为圆，例如景观节点等，必须经过处理才能转化为多段线，从而进一步进行线宽设置。具体步骤为：

1) 使用【圆】命令 (C) 绘制一个大小合适的圆。

2) 使用【多段线】命令 (PL) 绘制一条折线，使其与圆交于两点，两点间距离尽可能小，见图 4-4-9。

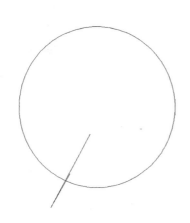

图 4-4-9 与圆相交
折线的绘制

3）使用【修剪】命令（TR）将圆在 PL 线中间部分裁切掉，见图 4-4-10。

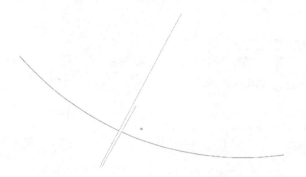

图 4-4-10　圆的修剪

4）执行【多段线修改】命令（PE），将剪切后的圆转化为 PL 多段线，并调整线宽，见图 4-4-11。

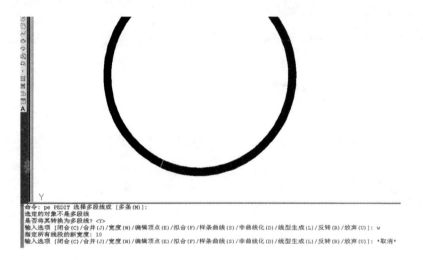

图 4-4-11　将圆转化
为多段线

5）利用【特性】命令（CH）根据需要对分析元素的线型和比例进行调整，见图 4-4-12。

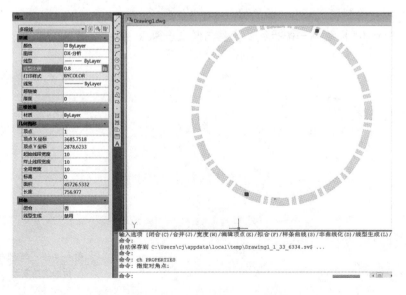

图 4-4-12　调整圆的
比例与线宽

(3) 面域的绘制

1) 使用【多段线】命令（PL）根据规划绘制闭合的多边形，见图4-4-13。

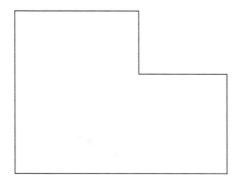

图4-4-13 闭合多边形的绘制

2) 使用【多段线编辑】命令（PE）中"样条曲线"或者【倒圆角】命令（F）对多边形进行转角，见图4-4-14。

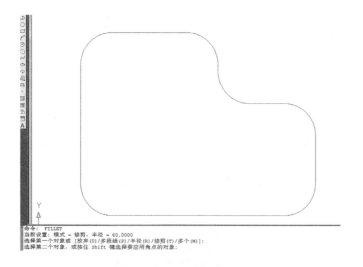

图4-4-14 闭合多边形的圆角处理

3) 继续使用【多段线编辑】命令（PE）中的"宽度（W）"选项调整多边形宽度，见图4-4-15。

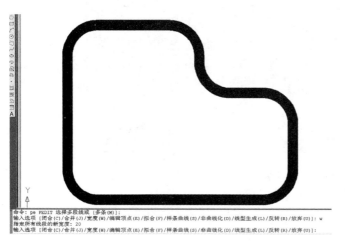

图4-4-15 闭合多边形的线宽修改

4.4.2 Photoshop规划设计分析与表达

具体操作步骤如下：

1）将平面图 CAD 作为一个图层虚拟打印，转成 Tiff 文件，作为分析底图；也可在 Photoshop 中对渲染完的规划彩图执行【去色】命令（Ctrl+Shift+U），作为分析底图，见图 4-4-16。

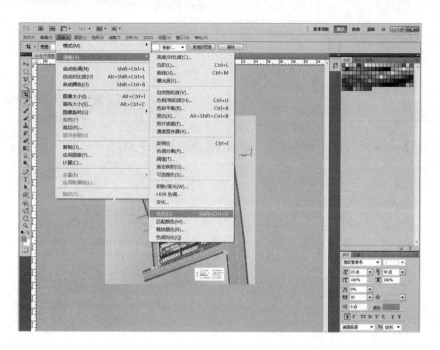

图 4-4-16　分析底图的制作

2）新建一个图层（Ctrl+Shift+N），底色设置为白色，调整透明度，从而将底图虚化，见图 4-4-17。

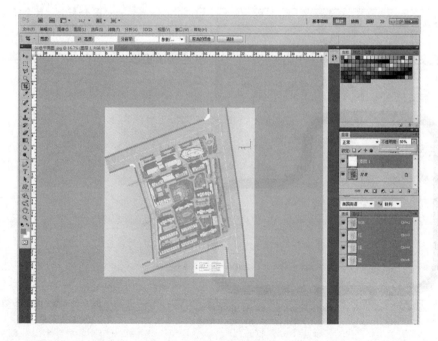

图 4-4-17　底图虚化

3）将各分析元素按照需要分层虚拟打印，转成 EPS 文件；分层导入各分析图层，根据功能填充相应的颜色、并调整其显示顺序，见图 4-4-18。

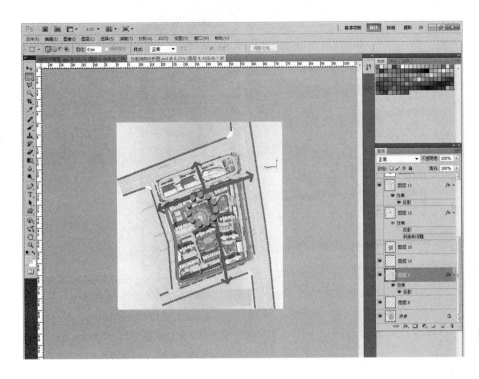

图 4-4-18　分析底图
的导入

4）运用阴影、透明度等操作添加分析图效果，见图 4-4-19、图 4-4-20。

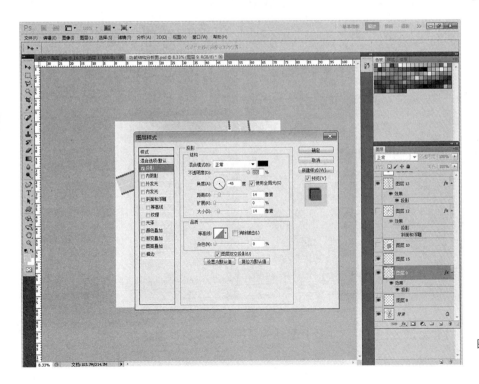

图 4-4-19　阴影效果
的添加

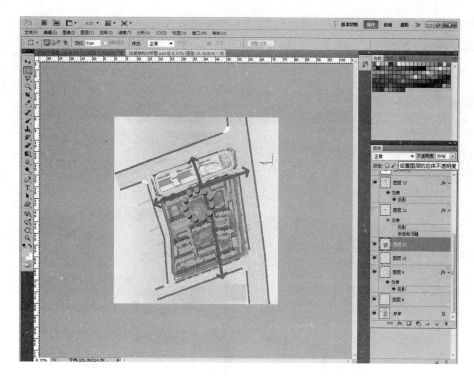

图 4-4-20 填充效果
的处理

5)【新建图层】(Ctrl+Shift+N),在新建图层上使用【钢笔工具】(P) 中的"路径"绘制闭合多边形,见图 4-4-21。

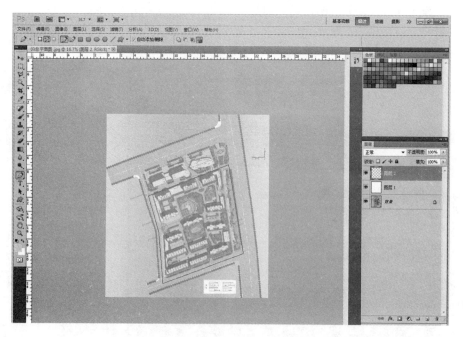

图 4-4-21 使用钢笔
工具绘制多边形

6)点右键,选择【建立选区】,【羽化半径】默认为"0",将多边形创建为选区,见图 4-4-22。

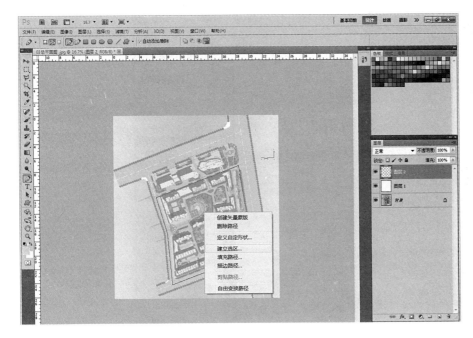

图 4-4-22　建立多边形选区

7）使用【选择】→【修改】→【平滑】，根据效果连续执行两次，取样半径均为"100"，选区则被曲化，见图 4-4-23。

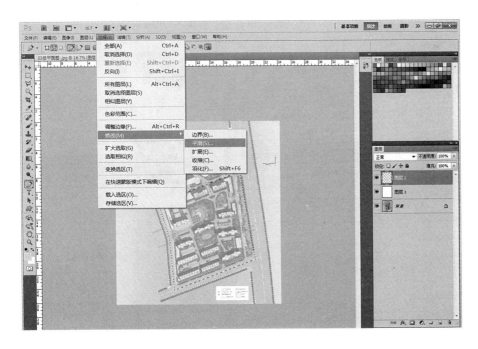

图 4-4-23　平滑多边形选区

8）使用【前景色填充】命令（Alt+Delete）对选区填充颜色，颜色可点击拾色器（前景色）调整，见图 4-4-24。

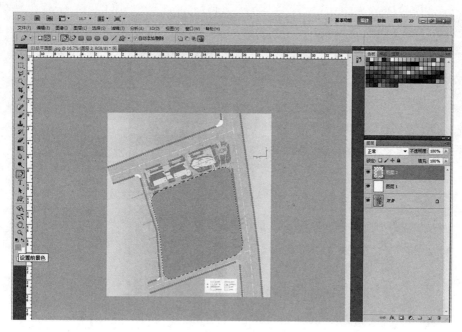

图 4-4-24　填充多边
形选区

9）再执行【选择】→【修改】→【收缩】，收缩量设为"40"，然后使用
删除键（Delete）删除内部填充色，见图 4-4-25。

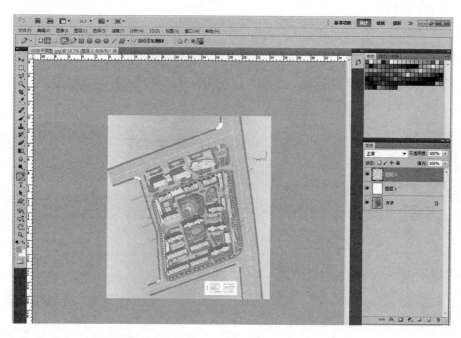

图 4-4-25　收缩多边
形选区并删除选区
颜色

10）再【新建图层】(Ctrl+Shift+N)，在新建图层上继续使用【前景色填充】
命令（Alt+Delete）对选区填充该颜色，并调整不透明度，见图 4-4-26。

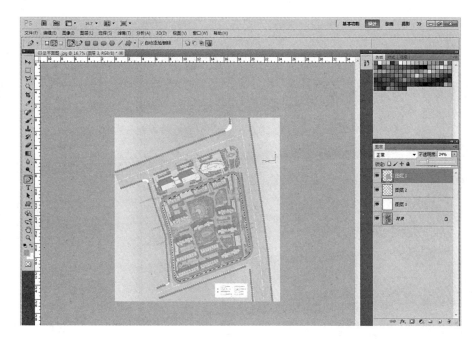

图 4-4-26　填充多边
形选区并调整不透
明度

※ 注意

◆ 图形素材文件可以是专门的素材文件，也可以是任何与图案、色彩有关的照片。渲染效果在很大程度上取决于素材是否丰富与合适，因此平时应注意这方面的积累。

4.5　城市居住区三维表现

在概念规划阶段，使用 SketchUp 软件制作的场景着重传达规划师的设计理念，对于模型要求不是很高，重点突出表达设计空间层次和空间结构关系。

4.5.1　分析方案平面图

打开渲染好的规划彩图，并认真识别规划图里面的内容：①该小区建筑布局，以多层住宅为主，局部小高层；②规划地块的地形景观轴线以水域面积为主。

4.5.2　导入总平面图

（1）利用 Photoshop 对总平面进行处理

1）在 Photoshop 中打开彩色平面图，使用【裁切】命令（C）裁切图框范围，见图 4-5-1。

2）执行【图像】→【图像大小】调整图像，然后将图片保存 JPG 格式；由于 SketchUp 对高像素的图像识别不理想，且占用空间较大，建议将图像高度修改为 2400 像素比较合理，见图 4-5-2。

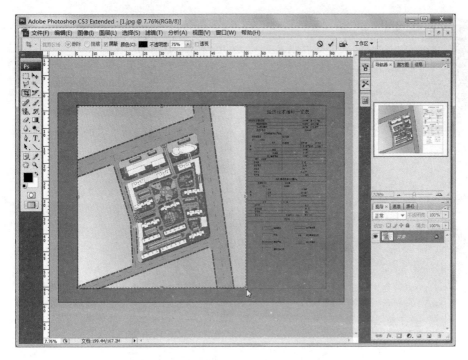

图 4-5-1 利用裁切命令裁切图框

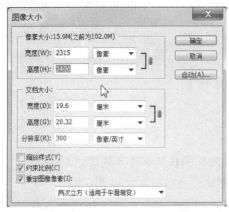

图 4-5-2 【图像大小】对话框

（2）将保存的图片导入 SketchUp 中

1）打开 SketchUp 软件，执行【窗口】→【模型信息】操作，设置"单位"为"米"，见图 4-5-3。

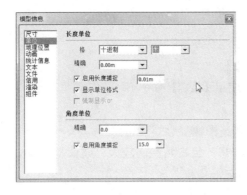

图 4-5-3 【模型信息】对话框

2）执行【文件】-【导入】，导入已处理好的 JPG 文件，见图 4-5-4、图 4-5-5。

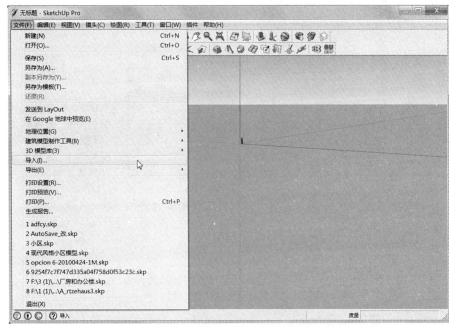

图 4-5-4　JPG 文件的导入

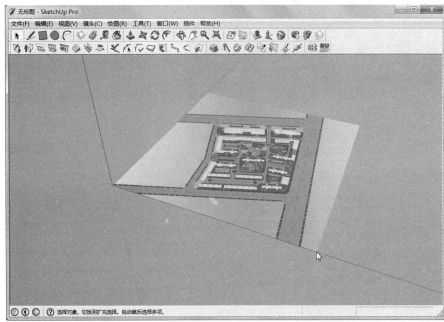

图 4-5-5　JPG 文件的导入效果

4.5.3　创建场地

（1）道路网的处理

1）使用选择工具选择图片，点右键将导入的图像分解，见图 4-5-6。

2）执行【窗口】-【图层】新建"道路图层"，并将道路图层设置为当前图层，见图 4-5-7。

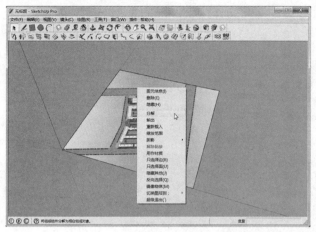

图 4-5-6　分解图像（左）

图 4-5-7　道路图层创建（右）

3）使用【线工具】和【圆弧工具】绘制场景的道路（包括城市道路和小区内部道路），见图 4-5-8。

图 4-5-8　道路的绘制

4）依此绘制完成居住组团道路网，并将道路图层设置为"不可见"，见图 4-5-9。

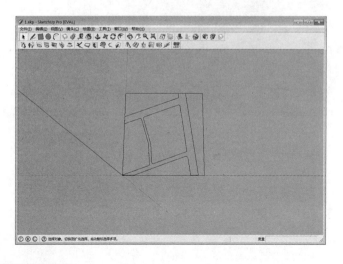

图 4-5-9　道路网的绘制效果

5）使用【窗口】－【材质】为道路赋予灰色材质，见图 4—5—10。

（2）起伏地形的处理

1）执行【窗口】－【图层】新建"地形图层"，并将地形图层设置为当前图层，见图 4—5—11。

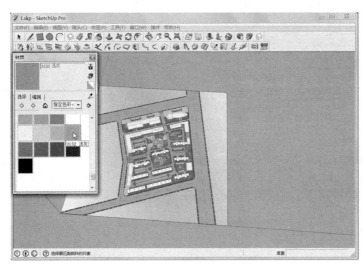

图 4—5—10　道路网的材质赋予

图 4—5—11　地形图层的创建

2）若有山体等起伏较大的地形，则使用【圆弧工具】对山体封面，并使用【偏移】命令，依此向内偏移绘制山体等高线，见图 4—5—12。

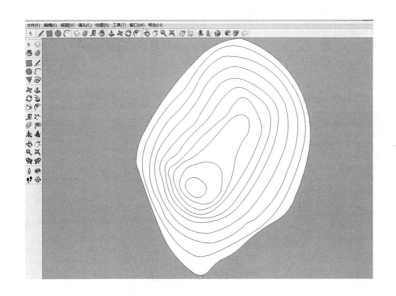

图 4—5—12　山体等高线的绘制

3）然后使用【推拉】命令，对山体进行拉伸操作，见图 4—5—13。

若有水域，则使用【线】工具和【圆弧工具】对景观水环境进行封面，然后使用【推／拉】工具将分割的地块分别推拉至相应的高度，接着为水域赋予蓝色材质。

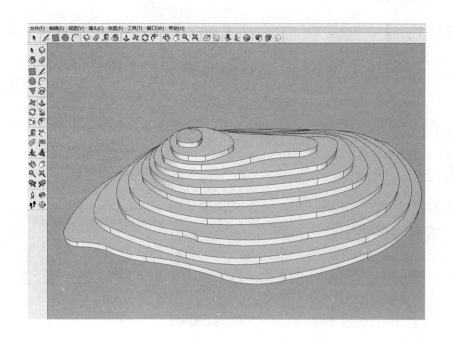

图 4-5-13 山体高度
的推拉

4.5.4 创建住宅建筑

下面以坡屋顶住宅建筑为例。

（1）建筑单体的创建

1）使用【直线】工具对住宅建筑轮廓线封面，见图 4-5-14。

2）使用【推／拉】工具将平面拉高 3m，制作单层住宅建筑，见图 4-5-15。

3）使用【直线】工具绘制阳台，并使用【推／拉】工具拉高 1.2m，并点右键创建阳台组件，见图 4-5-16。

4）将阳台复制一份到相应的位置，完成标准层的创建，接着将标准层制作为组件，见图 4-5-17、图 4-5-18。

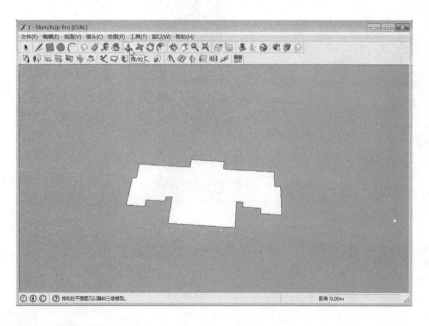

图 4-5-14 住宅建筑
轮廓

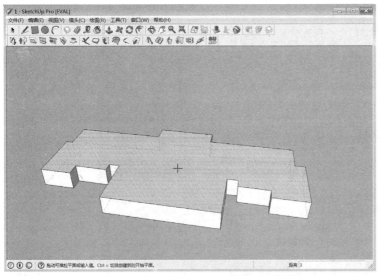

图 4-5-15　单层住宅
建筑的创建

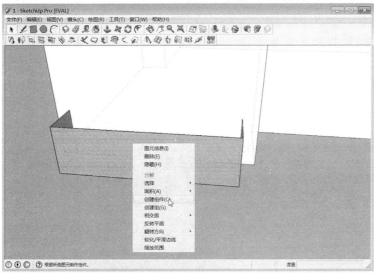

图 4-5-16　阳台的创建

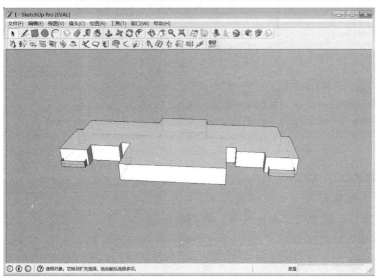

图 4-5-17　阳台的复制

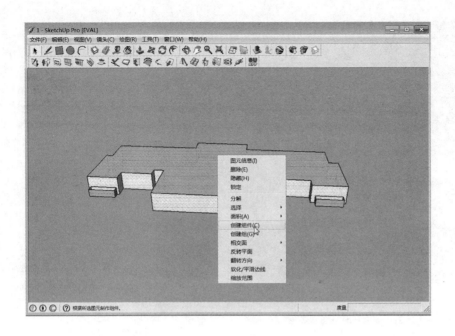

图 4-5-18　住宅标准
层的创建

5）选中组件，使用【移动】工具配合 Ctrl 键向上复制，完成复制后，在数值控制框输入"11*"或"11X",则会以复制的间距阵列 11 份,见图 4-5-19。

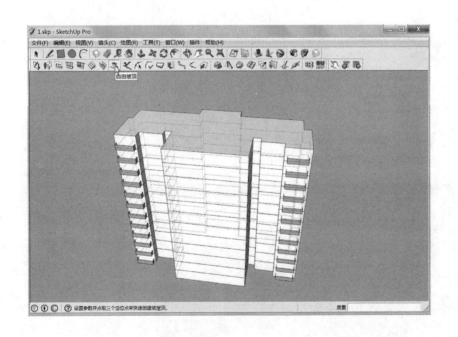

图 4-5-19　住宅建筑
层数的创建

（2）住宅建筑屋顶的创建

住宅屋顶可分为平屋顶和坡屋顶。平屋顶重点讲述女儿墙的绘制过程，见 4.5.6 公用建筑的创建过程；坡屋顶可利用直线、推拉等绘制，也可使用 SUAPP.ME 汉化插件来完成坡屋顶。

1）选取屋顶面，利用插件可生成坡屋顶，见图 4-5-20。

图 4-5-20　屋顶参数
的设置

2）为了便于修改处理（复制、移动等操作），全部选中建筑屋顶以及标准层创建住宅建筑组件，见图 4-5-21。

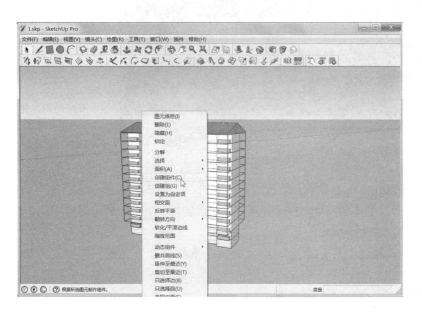

图 4-5-21　住宅建筑
组件的创建

3）使用【移动】工具将住宅移动至合适位置；在使用移动工具过程中，按住 Ctrl 键，可完成住宅建筑的复制，见图 4-5-22、图 4-5-23。

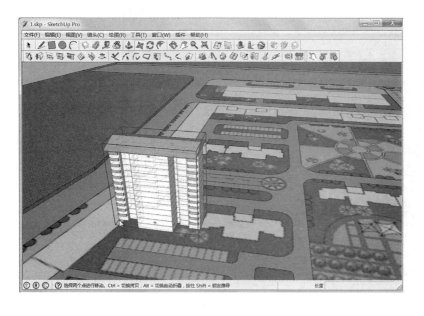

图 4-5-22　住宅建筑
组件的移动

图 4-5-23　住宅建筑
组件的复制

4.5.5　创建公共建筑

其他建筑单体如沿街商业、休闲会所、幼儿园等公建的创建方法与住宅单体创建类似，重点审查公建的不同高度、空间错落、空间造型等。下面以平屋顶公建为例阐述步骤。

1）使用【直线】工具和【圆弧】命令对公共建筑轮廓线封面，见图4-5-24。

2）使用【推拉】工具推拉 4m 的高度，并创建标准层组件，见图 4-5-25。

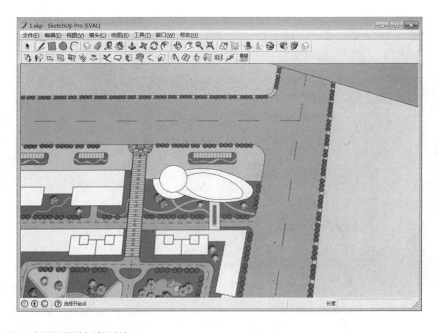

图 4-5-24　公共建筑
的封面

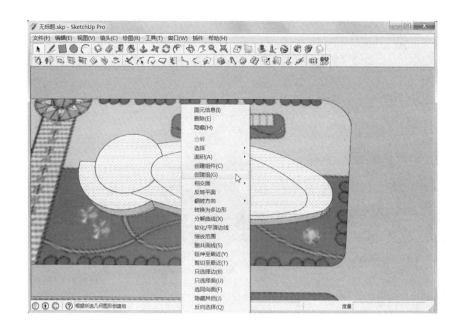

图 4-5-25　公共建筑
组件的创建

3) 使用【移动】工具，并按住 Ctrl 键，可完成公共建筑的复制；若层数不一致，可执行分解命令对顶层分解，见图 4-5-26。

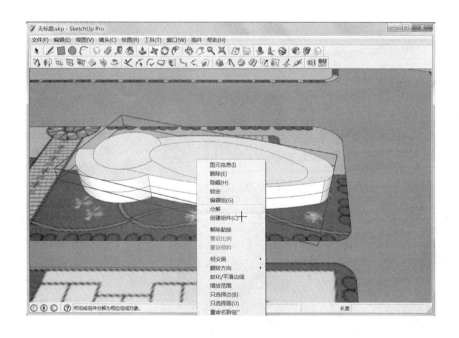

图 4-5-26　公共建筑
层数的复制与分解

4) 选择顶层的建筑，然后在右键菜单中执行"单独处理"命令；并执行【推拉】工具，对局部进行拉高，见图 4-5-27。

5) 选中已拉高层数，并使用【移动】工具，按住 Ctrl 键，可完成公共建筑的复制；完成复制后，在数值控制框输入"12*"或"12X"，则会以复制的间距阵列 12 份，见图 4-5-28、图 4-5-29。

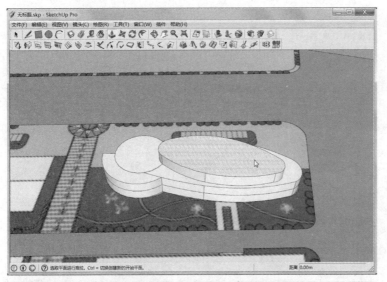

图 4-5-27 公共建筑
局部的处理

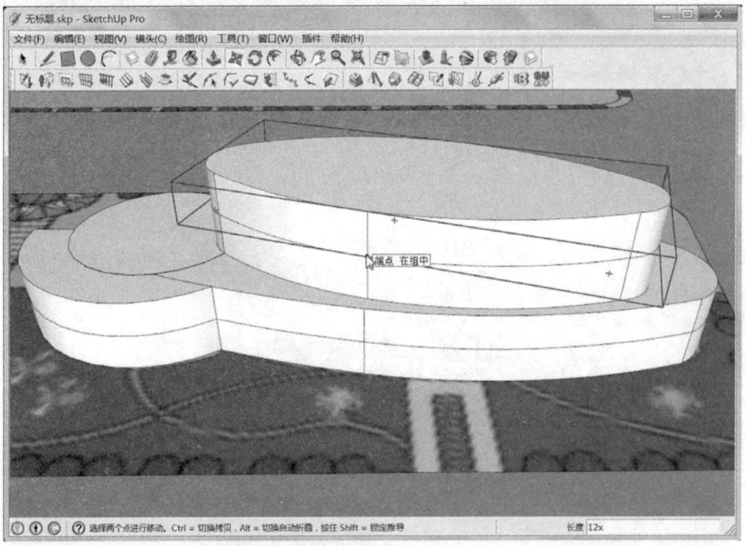

图 4-5-28 公共建筑
局部的复制

图 4-5-29 公共建筑
的复制效果

6）选中公共建筑顶面，使用【偏移】工具向内偏移 0.3m，见图 4-5-30。

7）使用【推拉】工具将偏移部分向上推拉 1.1m，完成女儿墙的创建，见图 4-5-31。

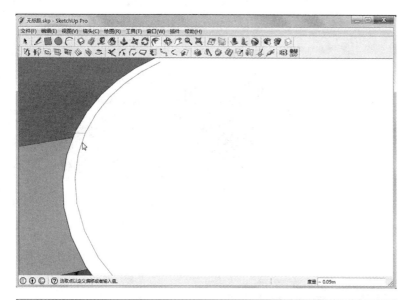

图 4-5-30　公共建筑
的偏移效果

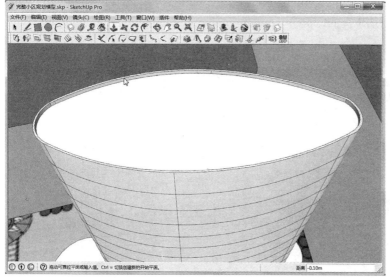

图 4-5-31　公共建筑
的复制效果

4.5.6　场景的环境设置

（1）场景样式与材质的设置

1）执行【窗口】→【样式】→【边线设置】，然后在【编辑】选项卡的【边线设置】面板中取消勾选【轮廓线】选项，接着勾选【延长线】选项，并设置延长量为 3，见图 4-5-32。

2）执行【窗口】→【材质】操作，选中需要调整的区域，选取合适的拾取色即可完成场景的颜色，见图 4-5-33。

图 4-5-32　场景样式的设置

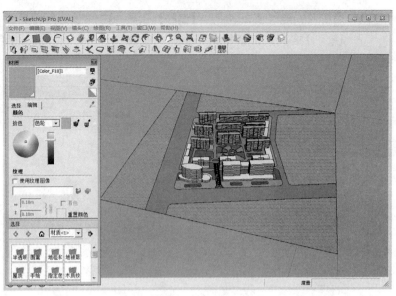

图 4-5-33　场景材质的设置

（2）场景阴影效果的设置

1）执行【视图】→【阴影】操作以调整光影关系，尽量使得场景中的建筑模型有亮面和暗面，增加建筑的体积感，见图 4-5-34。

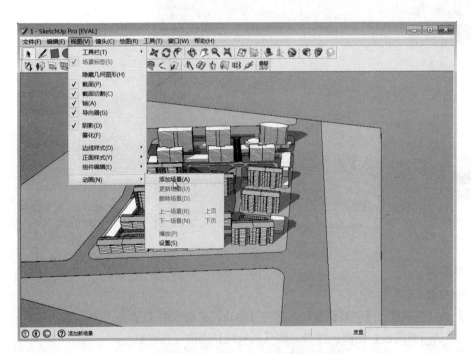

图 4-5-34　公共建筑的复制效果

2）打开"页面"管理器并添加多个页面，并调整角度，保证每个页面角度不同，见图 4-5-35。

图 4-5-35　场景添加

4.5.7　批量导出图像

1）执行【窗口】→【场景信息】菜单命令打开【场景信息】对话框，然后在【动画】面板中设置【允许页面过渡】为 1 秒、【场景延时】为 0 秒，见图 4-5-36。

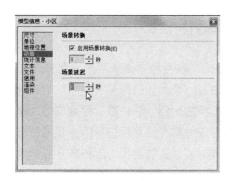

图 4-5-36　动画场景
的对话框

2）执行【文件】→【导出】→【动画】菜单命令，然后在弹出的对话框中设置保存路径和格式，见图 4-5-37。

图 4-5-37　公共建筑
的复制效果

3）导出动画的时候可以在【动画导出选项】对话框中设置导出图片的尺寸和帧：宽3000，高1688，帧数为1帧／秒；注意导出时不勾选【从起始页循环】选项，见图4-5-38。

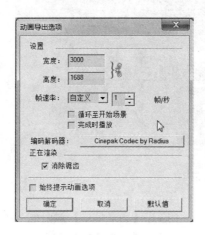

图 4-5-38 【动画导出选项】对话框

4）完成导出选项的设置后，SketchUp 会自动批量出图。

4.6　居住小区规划设计技术经济指标

居住小区规划设计必须以技术经济指标以及用地平衡表作为评价规划是否合理的依据。在设计方案初期中，应该先有一个大致的粗算，得出规划设计方案中各类用地面积的大小、所占总用地面积的比例、总户数、绿地率等大概指标，进行小区规划设计方案的初评；在完成方案设计之后进行的一项成果分析与表达的工作，包括居住户套数、居住人口、总建筑面积、容积率、绿地率等，具体指标须按照《城市居住区规划设计规范》GB 50180—93（2002 年版）。指标的计算往往通过 AutoCAD 的辅助计算，结合 Microsoft Excel 软件，进行汇总、精确计算。

4.6.1　用地平衡表

（1）各项用地界线划分的技术规定

根据 2002 年版国家标准《城市居住区规划设计规范》GB 50180—93 的规定：

1）规划总用地范围的确定

①当规划总用地周界为城市道路、居住区（级）道路、小区路或自然分界线时，用地范围划至道路中线或自然分界线；

②当规划总用地与其他用地相邻，用地范围划至双方用地交界处。

2）住宅用地范围的确定

住宅用地指住宅建筑基地及四周合理间距内的用地（含宅间绿地和宅间小路等）的总称。合理间距是指住宅前后左右必不可少的用地，以满足日照要求为基础，综合考虑采光、通风、消防、管线埋设、视觉卫生等要求确定。

①前后的界线一般以日照间距为基础，各按日照间距的1/2划定计算；左右的界线一般以消防要求为条件（多层板式住宅不宜小于6m；高层与各种层数之间不宜小于13m；有侧窗的住宅考虑视觉因素，适当加大间距）。

②住宅与公共绿地相邻，没有道路或其他明确接线时，通常在住宅的长边以住宅的1/2高度计算，住宅的两侧一般按3～6m计算。

③与公共服务设施相邻的，以公共服务设施的用地边界为界；如公共服务设施无明确界限时，则按住宅的要求进行计算。

3）公共服务设施用地范围的确定

公共服务设施一般按其所属用地范围的实际界限来划定。

①当其有明确界限时（如围墙等），按其界限计算；

②当无明显界限时，应按建筑物基地占用土地及建筑周围实际所需利用的土地划定界限，包括建筑后退道路红线的用地。

③住宅底层为公共服务设施或住宅建筑综合楼用地面积的确定：按住宅和公建占该幢建筑总建筑面积的比例分摊用地面积，均应计入公建用地；基层公建突出于上部建筑，或占有专用场院，或因公建需要后退红线的用地，均应计入公建用地。

④底层架空建筑用地面积的确定：应按底层及上部建筑的使用性质及其各该幢建筑总建筑面积的比例分摊用地面积，并分别计入有关用地内。

4）道路用地范围的确定

①按居住区人口规模相对应的同级道路及其以下各级道路计算用地面积，外围道路不计入；

②居住区（级）道路，按红线宽度计算；

③小区路、组团路，按路面宽度计算。当小区路设有人行道便道时，人行便道计入道路用地面积；

④居民汽车停放场地，按实际占地面积计算；

⑤宅间小路不计入道路用地面积；

⑥公共服务设施和市政服务设施用地内的专用道路不计入道路用地。

5）公共绿地范围的确定

公共绿地指规划中确定的居住区公园、小游园、组团绿地，不包括住宅日照间距之内的绿地、公共服务设施所属绿地和非居住区范围内的绿地。

①院落式组团绿地、开敞式院落组团绿地的用地界限的划定参照图4-6-1、图4-6-2。

②其他集中的块状、带状公园绿地面积计算的起止界同院落式组团绿地。沿居住区（级）道路、城市道路的公共绿地算到红线。

6）其他用地面积的确定

其他用地面积主要包括外围的道路、非根据该住宅区居住人口配建的公共服务设施用地，以及其他居住区总用地范围内，但不属于上述五类用地的用地。其计算依据为：

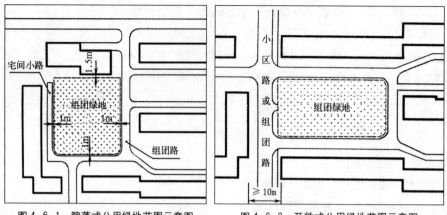

| 图 4-6-1 院落式公用绿地范围示意图 | 图 4-6-2 开敞式公用绿地范围示意图 |

①规划用地的外围道路至外围道路的中心线；

②规划用地范围内的其他用地，按实际占用面积计算。

（2）用地平衡表的计算技巧

用地平衡表的计算，一般的思维方式是从上到下逐个计算，实际上这是一种费事费力的做法。因为居住区用地、公建用地、道路用地、公共绿地的用地的范围相对名确，计算简单；而住宅用地地块较多，形状各异，计算复杂，所以实际的操作过程一般采用如下做法：

①利用 AutoCAD 中的 AA 或 LI 命令，逐一计算居住区用地、公建用地、道路用地、公共绿地的面积（hm²）、比重（%）及人均指标（m²/人）；

②住宅用地＝居住区用地－（公建用地＋道路用地＋公共绿地）。

4.6.2 主要经济技术指标

居住区经济指标一般可按照规模指标、居住密度指标、环境质量指标和其他指标等进行测算，详见表 4-6-1。

在技术经济指标测算过程中，可利用 Excel 软件建立居住区经济指标表；可利用各指标之间的关系建立 Excel 函数表，以便于后期同类项目指标的统计。

主要经济指标表　　　　　　　　　　　　　　　　　　　表4-6-1

指标分类	第一级指标	第二级指标	计算公式
规模指标	人口规模		户数×户均人口（户均可按2.8计）
	建筑面积指标	住宅建筑面积	
		公服设施的建筑面积	
居住密度指标	人口密度	人口毛密度	规划总人口/居住用地面积（人/hm²）
		人口净密度	规划总人口/住宅用地面积（人/hm²）

指标分类	第一级指标	第二级指标	计算公式
居住密度指标	住宅建筑套密度	住宅建筑面积套密度（毛）	住宅建筑套数/居住区用地面积（套/hm²）
		住宅建筑套密度（净）	住宅建筑套数/住宅用地面积（套/hm²）
	建筑密度	建筑密度	各类建筑的基地总面积/居住区用地面积（%）
		住宅建筑净密度	住宅基地面积/住宅用地面积（%）
	建筑面积密度	容积率	总建筑面积（万m²）/居住区用地面积（hm²）
		住宅建筑面积毛密度	住宅建筑面积/居住区用地面积（万m²/hm²）
		住宅建筑净密度	住宅建筑面积/住宅用地面积（万m²/hm²）
环境质量	居住区空地率		1-建筑（毛）密度
	绿地率		总绿地率/居住用地面积（%）
	人均绿地面积	人均绿地面积	总绿地面积/规划总人口（m²/人）
		人均公共绿地面积	公共绿地面积/规划总人口（m²/人）
	停车率	停车率	居民汽车停车位数量/居住户数（%）
		地面停车场	居民汽车地面停车位数量/居住户数（%）
其他	拆迁比		拆除的原有总建筑面积/新建的建筑总面积

附录一：AutoCAD 常用绘图命令快捷键

基本绘图命令			
直线	L	多段线	PL
正多边形	POL	矩形	REC
圆	C	圆弧	A
椭圆	EL	多行文本	MT、T
块定义	B	插入块	I
定义块文件	W	等分	DIV
定距等分	ME	填充	H
常用修改命令			
复制	CO	镜像	MI
阵列	AR	偏移	O
旋转	RO	对齐	AL
移动	M	放弃	CTRL + Z
删除	E、DEL键	分解	X
修剪	TR	延伸	EX
拉伸	S	直线拉长	LEN
比例缩放	SC	打断	BR
倒角	CHA	倒圆角	F
多段线编辑	PE	修改文本	ED
视窗缩放命令			
平移	P	实时缩放	Z+空格+空格
返回上一视图	Z+P	显示范围	Z+E
显示窗选部分	Z+W	显示全图	Z+A
尺寸标注命令			
直线标注	DLI	对齐标注	DAL
半径标注	DRA	直径标注	DDI
角度标注	DAN	标注样式	D
对象特性			
设计中心	ADC、Ctrl + 2	修改特性	CH、Ctrl + 1
属性匹配	MA	文字样式	ST
设置颜色	COL	图层操作	LA
线形	LT	线形比例	LTS

对象特性			
线宽	LW	图形单位	UN
属性定义	ATT	编辑属性	ATE
边界创建，包括创建闭合多段线和面域	iBO	对齐	AL
清除垃圾	PU	重新生成	RE
重命名	REN	设置极轴追踪	DS
设置捕捉模式	OS	打印预览	PRE
命名视图	V	测量距离	DI
测量面积	AA	显示图形数据信息	LI
文件打开	Ctrl＋O	保存文件	Ctrl＋S
文件复制	Ctrl＋C	文件粘贴	Ctrl＋V
对象捕捉开关	F3	正交开关	F8

附录二：Photoshop 常用绘图命令快捷键

基本绘图命令			
矩形、椭圆选框工具	M	裁剪工具	C
移动工具	V	套索、多边形套索、磁性套索	L
魔棒工具	W	喷枪工具	J
画笔工具	B	橡皮图章、图案图章	S
历史记录画笔工具	Y	橡皮擦工具	E
铅笔、直线工具	N	模糊、锐化、涂抹工具	R
减淡、加深、海绵工具	O	钢笔	P
添加锚点工具	+	删除锚点工具	－
直接选取工具	A	文字	T
度量工具	U	渐变	G
油漆桶工具	K	吸管、颜色取样器	I
抓手工具	H	缩放工具	Z
默认前景色和背景色	D	切换前景色和背景色	X
切换标准模式和快速蒙板模式	Q	标准屏幕模式	F
临时使用移动工具	Ctrl	临时使用吸色工具	Alt
临时使用抓手工具	空格	打开工具选项面板	Enter
快速输入工具选项（当前工具选项面板中至少有一个可调节数字）	0至9	循环选择画笔	[或]
选择第一个画笔	Shift+[	选择最后一个画笔	Shift+]

注：（多种工具共用一个快捷键的可同时按【Shift】加此快捷键选取）

文件操作命令			
新建图形文件	Ctrl+N	用默认设置创建新文件	Ctrl+Alt+N
打开已有的图像	Ctrl+O	打开为…	Ctrl+Alt+O
关闭当前图像	Ctrl+W	保存当前图像	Ctrl+S
另存为…	Ctrl+Shift+S	存储副本	Ctrl+Alt+S
页面设置	Ctrl+Shift+P	打印	Ctrl+P
打开"预置"对话框	Ctrl+K	显示最后一次显示的"预置"对话框	Alt+Ctrl+K

选择功能			
全部选取	Ctrl+A	取消选择	Ctrl+D
重新选择	Ctrl+Shift+D	羽化选择	Ctrl+Alt+D
反向选择	Ctrl+Shift+I	路径变选区	数字键盘的【Enter】
载入选区	Ctrl+点按图层、路径、通道面板中的缩约图滤	满画布显示	Ctrl+0

选择功能			
缩小视图	Ctrl+−	放大视图	Ctrl++
显示/隐藏标尺	Ctrl+R	显示/隐藏参考线	Ctrl+;
显示/隐藏"画笔"面板	F5	显示/隐藏"颜色"面板	F6
显示/隐藏"图层"面板	F7	显示/隐藏"信息"面板	F8
编辑操作命令			
还原/重做前一步操作	Ctrl+Z	还原两步以上操作	Ctrl+Alt+Z
剪切选取的图像或路径	Ctrl+X或F2	拷贝选取的图像或路径	Ctrl+C
合并拷贝	Ctrl+Shift+C	将剪贴板的内容粘到当前图形中	Ctrl+V或F4
将剪贴板的内容粘到选框中	Ctrl+Shift+V	自由变换	Ctrl+T
应用自由变换（在自由变换模式下）	Enter	从中心或对称点开始变换（在自由变换模式下）	Alt
限制（在自由变换模式下）	Shift	扭曲（在自由变换模式下）	Ctrl
取消变形（在自由变换模式下）	Esc	删除选框中的图案或选取的路径	Del
用背景色填充所选区域或整个图层	Ctrl+Del	用前景色填充所选区域或整个图层	Alt+Del
弹出"填充"对话框	Shift+BackSpace		
图像调整			
调整色阶	Ctrl+L	打开曲线调整对话框	Ctrl+M
打开"色彩平衡"对话框	Ctrl+B	打开"色相/饱和度"对话框	Ctrl+U
去色	Ctrl+Shift+U	反相	Ctrl+I
图层操作			
从对话框新建一个图层	Ctrl+Shift+N	以默认选项建立一个新的图层	Ctrl+Alt+Shift+N
通过拷贝建立一个图层	Ctrl+J	通过剪切建立一个图层	Ctrl+Shift+J
与前一图层编组	Ctrl+G	取消编组	Ctrl+Shift+G
向下合并或合并联接图层	Ctrl+E	合并可见图层	Ctrl+Shift+E
盖印或盖印联接图层	Ctrl+Alt+E	盖印可见图层	Ctrl+Alt+Shift+E
将当前层下移一层	Ctrl+[	将当前层上移一层	Ctrl+]
将当前层移到最下面	Ctrl+Shift+[	将当前层移到最上面	Ctrl+Shift+]
激活下一个图层	Alt+[	激活上一个图层	Alt+]
激活底部图层	Shift+Alt+[	激活顶部图层	Shift+Alt+]
调整当前图层的透明度	（当前工具为无数字参数的，如移动工具）【0】至【9】	保留当前图层的透明区域（开关）	/

附录三：SketchUp 工具箱及快捷键

		工具箱		
线段		L	矩形		B
圆弧		A	圆		C
多边形		N	不规则线段		F
选择		空格键	油漆桶		X
橡皮擦		E	定义组件		G
移动		M	旋转		R
缩放		S	推拉		U
路径跟随		J	平行偏移		O
测量		Q	量角器		V
文字标注		T	尺寸标注		D
坐标轴		Y	三维文字		Shift+T
视图旋转		鼠标中键	视图平移		H
视图缩放		Z	充满视图		Shift+Z
恢复上个视图		F8	回到下个视图		F9
相机位置		I	绕轴旋转		K
漫游		W	添加剖面		P
透明显示		Alt+	线框显示		Alt+1
消隐显示		Alt+2	着色显示		Alt+3
贴图显示		Alt+4	单色显示		Alt+5

工具箱					
等角透视	🏠	F2	顶视图	📦	F3
前视图	🏠	F4	后视图	🏠	F5
左视图	▭	F6	右视图	▣	F7

主要操作命令			
编辑/撤销	Ctrl＋z	编辑/放弃选择	Ctrl＋t
编辑/辅助线/删除	Alt＋E	编辑/辅助线/显示	Shift＋Q
编辑/辅助线/隐藏	Q	编辑/复制	Ctrl＋C
编辑/剪切	Ctrl＋X	编辑/全选	Ctrl＋A
编辑/群组	G	编辑/删除	Delete
编辑/显示/全部	Shift＋A	编辑/显示/上一次	Shift＋L
编辑/显示/选择物体	Shift＋H	编辑/隐藏	H
编辑/粘贴	Ctrl＋V	编辑/制作组建	Alt＋G
编辑/重复	Ctrl＋Y	编辑/将面翻转	Alt＋V
编辑/炸开/解除群组	Shift＋G	查看/工具栏/标准	Ctrl＋1
查看/工具栏/绘图	Ctrl＋2	查看/工具栏/视图	Ctrl＋3
查看/工具栏/图层	Shift＋W	查看/工具栏/相机	Ctrl＋4
查看/显示剖面	Alt＋,	查看/显示剖切	Alt＋.
查看/虚显隐藏物体	Alt＋H	查看/页面/创建	Alt＋A
查看/页面/更新	Alt＋U	查看/页面/幻灯演示	Alt＋Space
查看/页面/删除	Alt＋D	查看/页面/上一页	pageup
查看/页面/下一页	pagedown	查看/页面/演示设置	Alt＋:
查看/坐标轴	Alt＋Q	查看/X光模式	T
查看/阴影	Alt＋S	窗口/材质浏览器	Shift＋X
窗口/场景信息	Shift＋F1	窗口/图层	Shift＋E
窗口/系统属性	Shift＋P	窗口/页面设置	Alt＋L
窗口/阴影设置	Shift＋S	窗口/组建	Shift＋C
工具/材质	X	工具/测量/辅助线	Alt＋M

主要操作命令

工具/尺寸标注	D	工具/量角器/辅助线	Alt＋P
工具/路径跟随	Alt＋F	工具/偏移	O
工具/剖面	Alt＋/	工具/删除	E
工具/设置坐标轴	Y	工具/缩放	S
工具/推拉	U	工具/文字标注	Alt＋T
工具/旋转	Alt＋R	工具/选择	Space
工具/移动	M	绘制/多边形	P
绘制/矩形	R	绘制/徒手画	F
绘制/圆弧	A	绘制/圆形	C
绘制/直线	L	文件/保存	Ctrl＋S
文件/保存备份	Shift＋N	文件/打开	Ctrl＋O
文件/打印	Ctrl＋P	文件/导出/模型	Ctrl＋M
文件/导出/DWG/DXF	Ctrl＋D	文件/导出/图像	Ctrl＋I
文件/另存为	Ctrl＋Shift＋S	文件/退出	Ctrl＋W
文件/新建	Ctrl＋N	物体内编辑/隐藏剩余模型	I
物体内编辑/隐藏相似组件	J	相机/标准视图/等角透视	F8
相机/标准视图/底视图	F3	相机/标准视图/顶视图	F2
相机/标准视图/后视图	F5	相机/标准视图/前视图	F4
相机/标准视图/右视图	F7	相机/标准视图/左视图	F6
相机/充满视图	Shift＋Z	相机/窗口	Z
相机/漫游	W	相机/配置相机	Alt＋C
相机/绕轴旋转	Alt＋X	相机/上一次	TAB
相机/实时缩放	Alt＋Z	相机/透视显示	V
渲染/材质贴图	Alt＋4	渲染/单色	Alt＋5
渲染/透明材质	K	渲染/线框	Alt＋1
渲染/消影	Alt＋2	渲染/着色	Alt＋3

参考文献

[1] 彭磊等 . 城市规划中计算机辅助设计 [M]. 北京：中国建筑工业出版社，2007.

[2] 于先军等 . AutoCAD 2009 中文版城市规划与设计 [M]. 北京：清华大学出版社，2009.

[3] 马亮等 . SketchUp 印象·城市规划项目实践 [M]. 北京：人民邮电出版社，2011.

[4] 孔德喜等 . Adobe® Photoshop® CS 建筑表现基础教程 [M]. 北京：人民邮电出版社，2005.

[5] 胡纹 . 居住区规划原理与设计方法 [M]. 北京：中国建筑工业出版社，2007.

[6] 全国人大常委会 . 中华人民共和国城乡规划法 . 北京：中国法制出版社，2008.

[7] 中华人民共和国建设部 . 城市规划编制办法 [Z]. 北京：中国法制出版社，2006.

[8] 中国建筑工业出版社 . 城市规划制图标准 [M]. 北京：中国建筑工业出版社，2003.

[9] 中国城市规划设计研究院 . GB 50137-2011. 城市用地分类与规划建设用地标准 [S]. 北京：中国建筑工业版社，2012.

[10] 中国建筑标准研究院 . GB 50188-2007. 镇规划标准 [S]. 北京：中国建筑工业出版社，2007.

[11] 中国城市规划设计研究院 . GB 50180-93（2002 年版）. 城市居住区规划设计规范 [S]. 北京：中国建筑工业出版社，2002.

[12] 百度文库：http：//wenku.baidu.com/view/839680eb0975f46527d3e10e.html.

[13] 百度文库：http：//wenku.baidu.com/view/9b49ed34eefdc8d376ee3268.html.

[14] 百度百科：http：//baike.baidu.com/link?url=7YYwwt1LXgCBl51T4hIfOSLaCTQVSKM xQVRXcO3Zsu78AA5rr3OXQcYVdxU2NoU-ESX_mS0vpTpZiU-cRKWKoK.